章动面齿轮传动设计与制造

王广欣 著

机 械 工 业 出 版 社

章动面齿轮传动是在章动齿轮传动的基础上形成的一种多齿啮合新型空间传动系统，有结构简单、体积小、传动比大、零件数量少、承载能力强、无侧隙、重合度系数高等优点，具有广阔的应用前景。

　　全书共分6章，对章动面齿轮传动的理论及最新研究成果做了较全面的阐述。本书主要介绍了章动面齿轮传动的啮合原理、构型设计、啮合特性及承载能力分析、章动面齿轮轮齿刚度的分析、章动面齿轮减速器的设计与仿真分析以及加工技术的研究。对于该新型传动的设计及加工具有重要的理论指导意义。

　　本书可作为高等院校机械设计及理论专业研究生和高年级本科生的选修课教材，也可作为从事传动机械学理论研究与机械设计的科技人员的参考书。

图书在版编目（CIP）数据

章动面齿轮传动设计与制造/王广欣著. —北京：机械工业出版社，2022.6（2023.5 重印）

ISBN 978-7-111-70323-5

Ⅰ.①章…　Ⅱ.①王…　Ⅲ.①偏摆传动-齿轮传动-机械设计 ②偏摆传动-齿轮加工　Ⅳ.①TH132.41

中国版本图书馆 CIP 数据核字（2022）第 043551 号

机械工业出版社（北京市百万庄大街22号　邮政编码100037）
策划编辑：雷云辉　　　　　责任编辑：雷云辉
责任校对：梁　静　王　延　封面设计：马精明
责任印制：刘　媛
北京雁林吉兆印刷有限公司印刷
2023 年 5 月第 1 版第 2 次印刷
169mm×239mm · 9.25 印张 · 167 千字
标准书号：ISBN 978-7-111-70323-5
定价：59.00 元

电话服务　　　　　　　　　网络服务
客服电话：010-88361066　　机 工 官 网：www.cmpbook.com
　　　　　010-88379833　　机 工 官 博：weibo.com/cmp1952
　　　　　010-68326294　　金 书 网：www.golden-book.com
封底无防伪标均为盗版　　　机工教育服务网：www.cmpedu.com

前　言

章动传动是一类特殊的传动形式，可以通过改变齿数演化出多种具有实际应用价值的构型。通过采用特殊的面齿轮啮合副而形成的章动面齿轮传动具有鲜明的特点，是一种多齿啮合的新型空间传动系统，有结构简单、体积小、传动比大、零件数量少、承载能力强、无侧隙、重合度系数高等优点，有广阔的应用前景。

本书根据章动面齿轮传动的基本原理和结构，研究了机构的传动比变化规律，在统一坐标系下推导了四个齿面方程，并以此为基础，研究了章动面齿轮的接触情况，给出齿面接触区域、接触应力和齿根弯曲应力的动态计算方法。

建立了章动面齿轮传动中面齿轮的受力模型，根据赫兹弹性接触理论，结合章动面齿轮传动的啮合特性，分析了"面-面"齿轮副中面齿轮的接触强度；同时利用有限元 ABAQUS 软件完成了固定面齿轮和转动面齿轮分别与行星面齿轮啮合时其齿面接触应力的分析，验证了所建立受力模型的正确性，得出齿面接触应力的分布规律，并提出了相应的改善措施。

从材料力学出发，将章动面齿轮的轮齿简化为变截面悬臂梁；利用简化梯形截面法获得受载状态下其轮齿剪切变形量、弯曲变形量、接触变形量及由基体变形引起的附加弹性变形量，进而计算出章动面齿轮传动中各面齿轮轮齿的刚度值；与应用 ABAQUS 软件分析获得的章动面齿轮各面齿轮轮齿的刚度值对比，验证了简化梯形截面法计算章动面齿轮轮齿刚度的合理性；分析了章动面齿轮传动中的内切面齿轮及外切面齿轮轮齿刚度沿齿高方向及啮合线方向的变化规律；通过所计算的各面齿轮轮齿刚度值，研究了章动面齿轮轮齿的单齿刚度、单齿啮合刚度及单齿时变啮合刚度的变化规律。

根据设计任务，考虑齿面动态应力、尺寸、传动比确定样机基本参数，并设计了数字样机；根据样机结构，给出齿面啮合力、齿轮、输入轴及轴承等零件受力计算公式；采用 ABAQUS 软件和 ADAMS 软件对样机进行了仿真分析，对比理论计算结果，验证结构合理性和相关理论的正确性。

分析了样机核心零件的结构特点和加工要点，对样机关键部件的加工方法进行了研究，利用五轴加工中心等设备完成了样机全部零件的加工制造；采用软件对减速器组装过程进行了仿真分析，并完成了物理样机的组装制造。

本书作者自 2009 年获批国家自然科学基金项目"章动活齿传动的设计与制造技术研究"（50905021）起，研究章动传动已有十余年。近年来通过分析章动面齿轮传动原理、构型设计、啮合性能分析以及设计仿真及加工技术研究，形成了较为完整的技术资料。本书对于该新型传动的设计及加工具有重要的理论指导意义，可作为高等院校机械设计及理论专业研究生和高年级本科生的选修课教材，也可作为从事传动机械学理论研究与机械设计的科技人员的参考书。

在本书的编写过程中，关天民教授、何卫东教授提供了大量宝贵意见，朱莉莉副教授在本书内容、体系、方法等许多方面都做了大量工作，研究生李林杰、邓佳、王朋、岳嘉琦等也在公式推导与录入方面做了很多工作，在这里向他们表示感谢。在本书的出版过程中，编辑也给予了作者大力支持和帮助，作者深表谢意。

限于作者的水平和时间的限制，本书必然存在不足之处，恳请读者和各方面专家批评指正。

作　者

目　录

第**1**章

绪　论

1.1　研究背景及意义

齿轮传动是靠轮齿交替推动来传递运动和动力的，它可以在平行轴、相交轴和交错轴间传递旋转运动，被广泛应用于国民经济的各个领域。作为机械传动系统中重要的基础元件，齿轮传动性能的优劣直接影响机械产品的质量和性能。因此，齿轮传动技术在一定程度上标志着机械工程技术的水平[1-3]。

章动传动是一类特殊的传动形式，可以通过改变齿数演化出多种具有实际应用价值的构型。本书所研究的通过采用特殊的面齿轮啮合副而形成的章动面齿轮传动具有鲜明的特点，是一种多齿啮合新型空间传动系统，有结构简单、体积小、传动比大、零件数量少、承载能力强、无侧隙、重合度系数高等优点，对航空发动机、直升机、坦克、汽车、工程机械等装备的性能有较大提升，具有广阔的应用前景和实际意义。

1.2　国内外研究现状

1.2.1　章动齿轮传动

章动（nutation）这个词在拉丁语中（nūtāre）就是"频繁点头"的意思，在天体运动中，地球每"点头"一次约耗费 18.6 年，我国古代历法中将 19 年称为一章，因此这种运动就被称为章动。章动现象也可以通过在桌面旋转硬币来演示实现，新西兰人 Robert Davidson[4] 在桌上旋转硬币时，注意到旋转的硬币变慢时，产生一种奇特的摆动，这个摆动就是章动。图1-1所示为硬币的章动运动，若将硬币轴线和桌面法线之间的角度称为章动角，在章动角不变且很小的情况下，硬币摆动的过程中，桌面上与硬币边缘接触的轨迹圆的半径小于硬币的半径，因此，硬币每摆动一周，硬币绕自身轴线必定多转过一部分弧长。尽管硬币和桌面的接触点转得很快，但是硬币绕自身轴线却转得很慢。根据这两个角度转速差，可以获得一个传动比。如果用一个可以绕自身轴线旋转的斜交锥齿轮来代替硬币，并保证斜交锥齿轮自身轴线与输入轴之间存在一个较小的恒定章动角，用另外一个轴向固定锥齿轮来代替桌面，就构成了一个基本型的章动传动机构。如果在斜交锥齿轮里面再放入一个与其同轴并且固连为一体的锥齿轮，并将一个轴向锥齿轮作为输出轴，那么由第一对锥齿轮产生的差动通过与第二对锥齿轮的啮合，会使输出轴有很慢的输出转速，从而实现常规的机械传动。

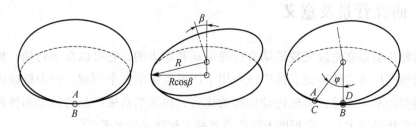

图1-1 硬币的章动运动

将章动现象应用于齿轮传动的理念最早于1942年由苏联人提出，但因它属于一种空间行星传动机构，对其进行运动分析、动力学分析和齿轮啮合特性分析都相对复杂与困难，研究一度进展缓慢。直到20世纪60年代，根据太空探测以及军事领域的需求，美国、苏联、日本、德国等国才竞相开始研制，研究的章动传动装置以采用锥齿轮为代表，如1966年美国人John C. Singeton、Mccullough Donald H. 和Hartz Raymond J. 设计了一种齿棒和小齿轮类型的控制杆传动机构[5]，1967年Roger D. Foskett（美）发明的一种步进电动机[6]等。20世纪70年代初，美国的Parker Hannifin公司开发出一种偏摆齿轮液压马达[7]，就是利用三通柱塞循环配流并采用轴向柱塞直接推动偏摆锥齿轮副减速；日本于1979年将该型传动列为专利。1973年美国学者A. M. Maroth提出一种采用凸轮滚子的大速比章动传动装置[8]，并于1975年在南斯拉夫召开的国际齿轮装置与传动会议上对其进行了介绍；1976年苏联设计出锥齿轮波导减速装置[9]。进入21世纪，章动传动的应用更为广泛，西方一些发达国家将章动传动机构用在一种斜躺式椅子、电动自行车、小轿车车窗、后视镜、座位、风挡刮水器和天线调整机构中，欧洲宇航局拟将章动传动机构用于航空和航天器的扰流器、发动机盖和一些水泵或油泵上，据估计每年市场规模约为 45 亿欧元[10]。日本冈山大学课题组与日本 TOK 轴承株式会社合作并根据偏摆齿轮液压马达的思路，提出气动式章动锥齿马达[11-16]，进而开发出一系列超小型气动式章动锥齿马达，用于机器人灵巧手驱动。山盛元康等提出用于汽车转向助力系统的章动型齿轮装置、传动比可变机构以及车辆用操舵装置[17]。由此可以看出章动齿轮传动的应用及开发更为广泛，但由于技术涉及商业机密，所见公开发表的有关该传动理论分析的文章却并不多。关于章动齿轮传动的理论研究，典型的如美国波音公司应用 A. M. Maroth 提出的章动装置进行的相关分析与实验研究报告[18]，David K. Kedrowski 与 Scott P. Slimak 提出一种采用渐开线锥齿轮的章动传动装置，用于电动螺钉旋具减速装置上[19]。美国的 C. A. Nelson 等学者试图对各种章动传动机构进行归类研究[20,21]，找出其相似性并进行建模与分析，但仍有一些尚未解决的难点，而且没有进行相关的实验研究。Z. B. Saribay 研究出一种用于直升机的周环减速装置，其实质也是章动齿轮传动系统[22]。

国内开展相关研究的时间基本与西方国家同步，起步于 20 世纪 60 年代中期，多位学者从章动传动的基本原理出发，从不同的角度命名并阐释了该传动。如 1965 年徐州矿务局机修厂试制成功了一台"谐波圆锥齿轮传动减速器"[23]。1975 年江苏水利机械厂研制的锥齿一齿差减速滚筒，据介绍该机构传动比为 151，在 4t 的载荷下运转 5 年半后进行拆检时，中心球面副和齿面的磨损量微小[24]。20 世纪 80 年代，西安交通大学的吴序堂、毛世民等学者研究了"内啮合弧齿锥齿轮传动"[25-27]。沈阳工业大学的颜世一运用球面几何学方法分析了内啮合锥齿轮的轴交角和齿廓重叠干涉的问题[28]。焦作矿业学院的胡来瑢主要研究了"偏摆锥差行星传动"的齿廓干涉、周向限制副设计等问题[29]。西安交通大学、沈阳工业大学和东北大学等相继试制了产品样机。1989 年，国家颁布了 GB/T 11366—1989《行星传动基本术语》。进入 20 世纪 90 年代，刘鹄然、李国顺等学者讨论了锥差式减速器的演化以及样机效率的分析与测试[30,31]。孟祥志、程乃士等学者对渐开线章动锥齿少齿差传动进行了理论及实验研究[32]，王继军、金映丽等学者提出"空间球面圆锥摆线传动"[33,34]。何韶君先后对渐开线章动齿轮齿形及加工问题进行了一系列的分析研究[35-39]。余义斌等对锥齿少齿差章动传动的运动分析、优化设计及陀螺力矩的分析与影响进行了研究[40-42]。黄伟和孙东明对锥齿少齿差章动传动机构的运动仿真进行了初步研究[43]。

章动齿轮传动也称为锥齿轮谐波传动或者锥齿轮偏摆传动，实质属于锥齿少齿差行星齿轮传动。由图 1-1 可知，硬币在桌面上旋转时，最开始硬币的轴线与桌面法线成 90°，当硬币由旋转到将要停时所出现的摆动现象就是一个典型的章动过程。硬币轴线与桌面法线夹角 β 称为章动角，当章动角不变且很小时，设硬币半径为 R，则桌面上的轨迹半径为 $R\cos\beta$。把硬币边缘上的 A 点与桌面上 B 点接触时定为起点，硬币开始摆动，在 A 点与桌面重新接触之前，硬币边缘上的 D 点与桌面上 B 点先接触，A 点将继续运动一段弧长与桌面上的 C 点接触，这样定义为硬币摆动了一周，即硬币边缘与桌面接触过的周长为 $2\pi R$，而桌面上所形成圆的周长为 $2\pi R\cos\beta$，弧 $\overset{\frown}{AD}$ 的长度等于 $2\pi R$（$1-\cos\beta$），因此硬币摆动一周后的自转角 ϕ 为 2π（$1-\cos\beta$）。

图 1-2 所示为锥齿轮章动传动机构简图。图中，5 为输入轴，1 与 3 固连，共同称为章动盘或行星齿轮，2 为固定轴向锥齿轮与箱体固连，4 是输出锥齿轮。输入轴在电动机的带动下，在匀速转动一周后，内锥行星齿轮 a 和固定轴向锥齿轮的啮合会产生角度差，由于内锥行星齿轮 b 和内锥行星齿轮 a 结构上是一体，所以通过内锥行星齿轮 b 和输出锥齿轮的啮合，这个角度差就会使输出锥齿轮有一个很小的转角。

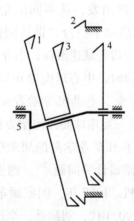

图 1-2　锥齿轮章动传动机构简图

1—内锥行星齿轮 a　2—固定轴向锥齿轮　3—内锥行星齿轮 b　4—输出锥齿轮　5—输入轴

因内锥齿轮加工困难，易产生齿廓干涉，很多学者对它进行了优化和改进[44]。近十多年来，章动传动又取得了可喜进展，如姚立纲等人针对渐开线螺旋齿廓加工困难等难题，提出双圆弧螺旋锥齿基本齿廓并对其进行研究[45]。龚发云、胡来瑢[46,47]等人详细研究了偏摆锥齿少齿差行星轮机构中偏摆锥齿轮的运动学和力学问题；蔡英杰[48]等人建立了双圆弧螺旋锥齿轮三维模型，并利用虚拟样机技术对其进行了运动学和动力学仿真。

　　同时有学者研究了章动活齿传动[49]。活齿传动是由一种 K-H-V 型少齿差行星齿轮传动演化成的一种新型空间齿轮传动，最先由德国人提出，主要集中于美国、欧洲、俄罗斯、日本和中国，经过几十年的发展，技术日趋成熟，得到广泛应用。国内相关研究起步较晚，但仍取得不少成绩，先后开发了推杆活齿针轮减速机、变速传动轴承减速机、密切圆活齿传动等一系列产品。燕山大学曲继方教授编写了活齿传动研究领域的经典专著《活齿传动理论》，为我国在该领域的研究做出了突出贡献[50]。

　　为解决章动齿轮传动中内锥齿加工困难等问题，作者将章动锥齿轮少齿差行星齿轮传动中的内锥齿啮合副以活齿滚动副替代，并提出两种空间结构，给出了滚珠和滚锥章动活齿传动装置的中心盘齿廓方程，完成了物理样机的制造和测试，为我国章动齿轮研究做出了突出贡献[51-54]。

　　图 1-3 和图 1-4 分别为基本型和复合型的章动活齿传动机构简图。图 1-5 和图 1-6 分别给出了滚珠齿和滚锥齿章动活齿传动装置的结构图。

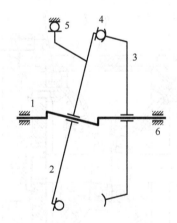

图 1-3　基本型章动活齿传动机构简图

1—输入轴　2—行星轮　3—转动中心轮　4—活齿　5—周向限制副　6—机架

1.2.2　面齿轮传动

　　面齿轮传动也称为端面齿轮传动，是由圆柱齿轮与锥齿轮相啮合所构成的齿轮传动。与锥齿轮相比，具有结构简单、无轴向力、互换性高、振动和噪声低、重合度系数大、传递平稳、传动比恒定、对安装误差不敏感等特点[55]，图 1-7 所示为面齿轮传动示意图，1 为面齿轮，2 为圆柱齿轮。

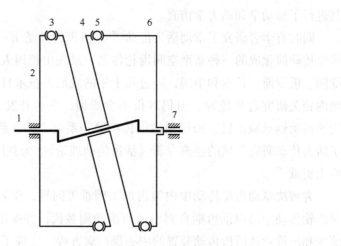

图 1-4　复合型章动活齿传动机构简图

1—输入轴　2—固定中心轮　3—输入侧活齿　4—行星齿轮

5—输出侧活齿　6—转动中心轮　7—机架

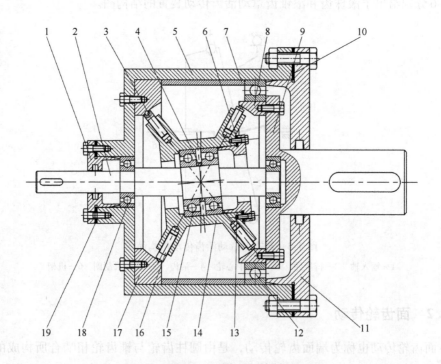

图 1-5　滚珠齿章动活齿传动装置结构图

1、11、13—端盖　2—输入轴　3—钢球　4—挡圈　5—机座　6、10、19—垫片　7—套筒

8—转动盘　9—输出轴　12、15、18—轴承　14—章动盘　16—滚珠齿　17—固定盘

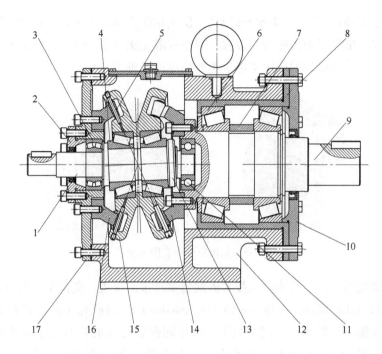

图 1-6 滚锥齿章动活齿传动装置结构图

1—输入轴 2、10—轴承端盖 3、4、6、11—轴承 5—辊子 7—挡圈 8—轴承衬套
9—输出轴 12—箱体 13—圆螺母 14—转动齿盘 15—行星盘 16—固定齿盘 17—端盖

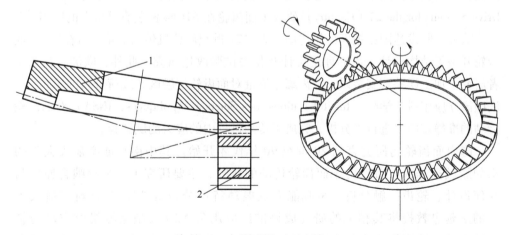

图 1-7 面齿轮传动示意图

1—面齿轮 2—圆柱齿轮

20 世纪 50 年代，Bloomfield 介绍了面齿轮传动，并利用几何投影法研究了面

齿轮齿形变化特点[56]。20 世纪 90 年代，伊利诺伊大学的 Litvin 等对面齿轮进行了深入的研究，推导了面齿轮齿面方程，利用有限元法（见图 1-8）分析了面齿轮传动应力情况，为面齿轮的应用奠定了重要的理论基础[57]。

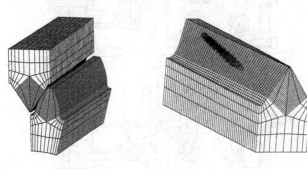

图 1-8 面齿轮传动有限元分析

随着研究深入，面齿轮传动技术得到越来越多的重视。美国军方与 NASA 联合开展的 ART（the Advanced Rotorcraft Transmission）计划研究了面齿轮在高速重载工况下的性能。结果表明，同工况下，应用面齿轮传动的直升机主减速器重量下降 40%，且动力分流效果好、振动小、噪声低[58]。20 世纪 90 年代末，美国国防部高级研究计划局（Defense Advanced Research Projects Agency，DARPA）在 TRP（Technology Reinvestment Program）项目中继续支持面齿轮传动的相关研究。在美国波音公司和美国陆军航空及导弹司令部的支持下，美国 RDS-21 计划（Rotorcraft Drive Systems for the 21st Century）研究了面齿轮在 AH-64 武装直升机上的应用[59]。

欧洲一些发达国家把面齿轮传动称为"21 世纪旋翼机传动的希望所在"，对面齿轮开展了结构设计、齿形理论设计及相关试验改进研究。此外，欧洲、日本学者研究了加工误差、安装误差及齿廓修形量对面齿轮接触区、载荷分布的影响[60]。法国国立应用科学学院（Institut National des Sciences Appliquées，INSA）对面齿轮传动的准静态应力进行了分析，完成了传动过程中的应力测试试验。

国内面齿轮的研究直到 20 世纪 90 年代才开始。其中南京航空航天大学的朱如鹏教授等人一直致力于面齿轮传动的研究，主要研究了面齿轮啮合原理与几何设计、轮齿接触分析、承载能力及振动特性分析等[61]。北京航空航天大学的王延忠教授将其相关的研究成果推广应用到 Y20 大型运输机航空动力辅助装置及大功率坦克主传动系统上，为我国面齿轮传动的推广应用做出了重要贡献。

面齿轮传动已经在直升机、汽车中开始应用。阿帕奇武装直升机上应用面齿轮传动技术（见图 1-9），将传动系统的功率重量比提高了 35%。奥迪公司在第七代 Quattro 中央差速器（见图 1-10）中应用了面齿轮传动技术，使其重量比 Torsen 差速器减少了 1/3。瑞士 ASSAG 公司推出了多款面齿轮传动装置（见图 1-11）。

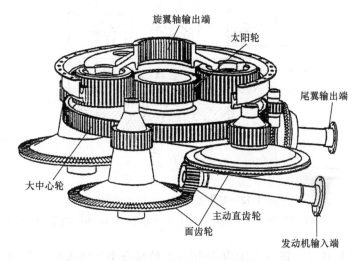

图 1-9　面齿轮传动在直升机传动系统中的应用

图 1-10　第七代 Quattro 中央差速器

图 1-11　面齿轮传动装置

1.2.3　章动面齿轮传动

章动传动中，若采用内-外切面齿轮啮合副替代章动传动中的内锥齿轮啮合副，即产生了一种新的章动面齿轮传动，这种传动兼顾二者优点，可在小空间内实现大传动比传动，具有体积小、传动比范围广、承载能力强、重合度系数大、无侧隙、低噪声等特点。图 1-12 所示为基本型章动面齿轮传动简图。

2009 年，美国直升机研究中心的 Z. B. Saribay 提出了一种周环传动，其本质也

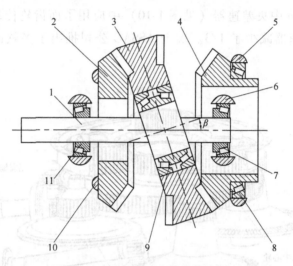

图 1-12 基本型章动面齿轮传动简图

1—输入轴 2—固定面齿轮 3—行星面齿轮 4—转动面齿轮 5、6、10—箱体 7、8、9、11—轴承

属于章动面齿轮传动，通过采用内-外切面齿轮啮合副运用齿轮啮合理论、微分几何学和弹流润滑理论描述并分析了周环传动的原理及特点。2013 年，Z. B. Saribay 提出一种可用于直升机主减速器的双周环传动（PMT）系统（见图 1-13），分析了该机构的运动学、齿轮载荷，应用弹流润滑（EHL）理论估算了 PMT 系统的啮合效率，给出啮合效率近似计算公式[62,63]。2016 年，受美国垂直飞行器协会（Vertical Lift Consortium，VLC）、美国国家旋翼技术中心（National Rotorcraft Technology Center，NRTC）和美国陆军航空及导弹研发工程中心（Aviation and Missile Research Development and Engineering Center，AMRDEC）资助，宾夕法尼亚州立大学的 T. D. Mathur 研究了周环传动中面齿轮副的载荷分布情况，分析了其啮合刚度及齿轮弹流润滑情况[64]。

国内有关章动面齿轮传动的研究起始于 2015 年，作者所在课题组等根据齿轮啮合原理，得到参与啮合的内、外切面齿轮的齿面方程及界限条件，建立了章动面齿轮传动的三维模型，并对啮合情况进行了动态仿真分析[65,66]。

尽管国内外学者对章动面齿轮传动的研究取得一定进展，但是面齿轮固有的齿顶变尖[67]现象（见图 1-14），限制了面齿轮的实际应用。变尖现象意味着面齿轮顶部的一端厚度为 0，在齿厚方向无法像圆柱渐开线直齿通过"任意"增长来提高齿轮的承载力，该现象在章动面齿轮传动中同样存在且更为突出，因此有必要从理论上进行深入分析，并建立一个较为完整的传动设计理论体系。

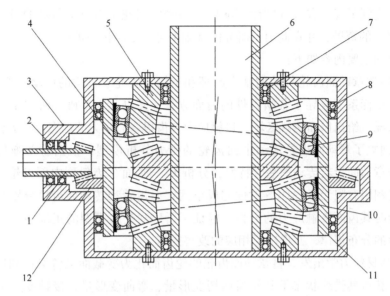

图 1-13 用于直升机主减速器的双周环传动系统

1—输入齿轮轴 2、7、8、9—轴承 3、11—箱体 4—输出面齿轮 5—固定面齿轮
6—输出轴 10—行星面齿轮 12—输入齿轮

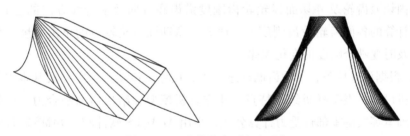

图 1-14 面齿轮的齿顶变尖现象

1.3 本书研究的主要内容

本书对章动面齿轮传动的理论及最新研究成果做了较全面的阐述,主要介绍了章动面齿轮传动的啮合原理、构型设计、啮合特性及承载能力分析、章动面齿轮轮齿刚度的分析、章动面齿轮减速器的设计与仿真分析以及加工技术的研究。本书的研究以国家自然科学基金项目"章动活齿传动的设计与制造技术研究"(50905021)、辽宁省博士启动基金项目"新型大功率章动面齿轮传动的设计与制造"和大连市高层次人才项目"盾构机用新型章动面齿轮传动的关键技术研究"

为依托，受到了辽宁省教育厅计划项目"新型空间花瓣齿章动传动的设计与制造技术研究"的资助，并在此项目研究的基础上进行了深化和扩充。

本书的主要内容如下：

1）根据章动面齿轮传动的基本原理和结构，研究了机构的传动比变化规律，并在统一坐标系下推导了各啮合件的齿面方程，并以此为基础，研究了章动面齿轮接触情况，给出齿面接触区域、接触应力和齿根弯曲应力的动态计算方法。

2）建立了章动面齿轮传动中面齿轮的受力分析模型，根据赫兹弹性接触理论，结合章动面齿轮传动的啮合特性，分析了"面-面"齿轮副中面齿轮的接触强度；同时利用有限元 ABAQUS 软件完成了固定面齿轮和转动面齿轮分别与行星面齿轮啮合时其齿面接触应力的分析，验证了所建立受力模型的正确性，得出齿面接触应力的分布规律，并提出了相应的改善措施。

3）从材料力学出发，将章动面齿轮的轮齿简化为变截面悬臂梁；利用简化梯形截面法获得其受载状态下其轮齿剪切变形量、弯曲变形量、接触变形量及由基体变形引起的附加弹性变形量，进而计算出章动面齿轮传动中各面齿轮轮齿的刚度值；与应用 ABAQUS 软件分析获得的章动面齿轮各面齿轮轮齿的刚度值对比，验证了简化梯形截面法计算章动面齿轮轮齿刚度的合理性；分析了章动面齿轮传动中的内切面齿轮及外切面齿轮轮齿刚度沿齿高方向及啮合线方向的变化规律；通过所计算的各面齿轮轮齿刚度值，研究了章动面齿轮轮齿的单齿刚度、单齿啮合刚度及时变啮合刚度的变化规律。

4）根据设计任务，考虑齿面动态应力、尺寸、传动比确定样机基本参数，并完成样机设计；根据样机结构特点，建立分析模型并给出齿面啮合力、齿轮、输入轴及轴承等关键零部件受力计算公式；采用 ABAQUS 软件和 ADAMS 软件对样机进行了仿真分析，对比理论计算结果，验证结构分析合理性和相关理论的正确性。

5）分析了样机核心零件的结构特点和加工要点，对样机关键部件的加工方法进行了研究，利用五轴数控加工中心等设备完成了样机全部零件的加工制造；采用软件对减速器组装过程进行了仿真分析，并完成了物理样机的制造组装。

第**2**章

章动面齿轮传动的啮合原理

2.1 基本原理

2.1.1 章动面齿轮传动的基本原理

章动面齿轮传动中，不考虑机架，将围绕着中心轴转动或不动的构件称为基本构件。根据周转轮系分类法[68]，基本型章动面齿轮传动可归于 $2K\text{-}H$ 型行星差动轮系，基本构件主要包括：激波器 H（输入轴）、中心轮 K（固定面齿轮 a 和转动面齿轮 b）以及行星面齿轮 g。图 2-1 所示为基本型章动面齿轮传动简图。

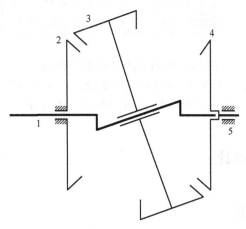

图 2-1 基本型章动面齿轮传动简图

1—输入轴 2—固定面齿轮 a 3—行星面齿轮 g 4—转动面齿轮 b 5—机架

2.1.2　章动面齿轮传动的基本结构

图 2-2 所示为章动面齿轮传动装置的结构简图[69]。其中，行星面齿轮 7 与固定面齿轮 4、转动面齿轮 8 分别构成内-外切面齿轮啮合副，输入轴 3 通过轴承依次将固定面齿轮 4、行星面齿轮 7 和转动面齿轮 8 串联在一起，固定面齿轮 4 通过端盖 1 用螺栓与箱体固连，转动面齿轮 8 通过轴承与箱体串联。

章动面齿轮传动装置通过内-外切面齿轮啮合副，实现了定传动比传动，与渐开线、摆线类少齿差行星齿轮减速器相比，节省了一套等角速比机构，减少了零件的数量，缩小了机构的体积，同时也提高了机构的可靠性；与章动活齿传动不同，该机构零件数量更少，结构更加简单、紧凑，理论上具有更高的传动效率和可靠性。

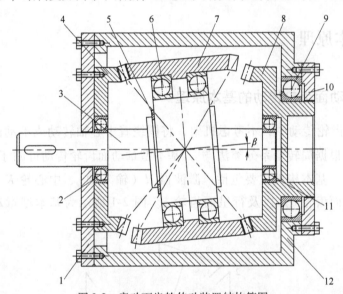

图 2-2　章动面齿轮传动装置结构简图

1、10—端盖　2、6、9、11—轴承　3—输入轴　4—固定面齿轮　5—挡圈
7—行星面齿轮　8—转动面齿轮　12—箱体

2.2　机构的传动比

2.2.1　传动比计算

章动面齿轮传动的传动比计算公式可根据硬币在桌面摆动时存在转角差的原理进行推导。具体的传动比计算可采用转角差法和转化机构法完成。

如图 2-3 所示，在直角坐标系 $Oxyz$ 中，固定面齿轮与机架相固连，输入轴水平轴线与倾斜轴线的夹角为章动角 β，行星面齿轮的回转轴线与输入轴的倾斜轴线重合。把行星面齿轮看作硬币，把固定面齿轮看作桌面。当输入轴绕着水平轴线转过 ϕ_1 角度时，受固定面齿轮约束作用，行星面齿轮除绕水平轴线转动外，还将绕自身轴线反转一个 ϕ_2 角。

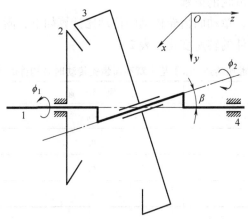

图 2-3　行星面齿轮绕固定面齿轮回转模型

1—输入轴　2—固定面齿轮　3—行星面齿轮　4—机架

而在图 2-4 中，若将行星面齿轮看作一枚硬币，转动面齿轮可看作桌面，当输入轴绕自身水平轴线转过 ϕ_1 角度时，行星面齿轮除完成绕水平轴线转动外，还将绕着自身轴线反向转过一个 ϕ_3 的角度。因此，不难得出输入轴转角 ϕ_1 和转动面齿轮转角 ϕ_4 的关系

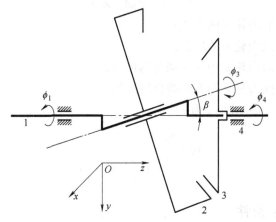

图 2-4　行星面齿轮绕转动面齿轮回转模型

1—输入轴　2—行星面齿轮　3—转动面齿轮　4—机架

$$\frac{\phi_1}{\phi_4} = \frac{Z_2 Z_4}{Z_2 Z_4 - Z_1 Z_3} \tag{2-1}$$

式中　Z_1——固定面齿轮的齿数；

　　　Z_2——固定侧行星面齿轮的齿数；

　　　Z_3——转动侧行星面齿轮的齿数；

　　　Z_4——转动面齿轮的齿数。

利用转化机构法，章动面齿轮传动的传动比计算如下，附加转速$-n_H$于整个章动面齿轮传动时各构件的转速变化见表2-1。

表 2-1　附加转速$-n_H$于整个章动面齿轮传动时各构件的转速变化

构件名称	原转速	加上转速$-n_H$后转速
激波器	n_H	$n_H^H = n_H - n_H = 0$
固定面齿轮	n_a	$n_a^H = n_a - n_H$
行星面齿轮	n_g	$n_g^H = n_g - n_H$
转动面齿轮	n_b	$n_b^H = n_b - n_H$

设固定面齿轮 a、转动面齿轮 b 和激波器 H 的转速分别为 n_a、n_b、n_H，行星面齿轮 g 的转速为 n_g。若给整个轮系加一个转速$-n_H$，此时的章动面齿轮传动机构转化为转化机构。在转化机构中，设备部件的转速分别为 n_H^H、n_a^H、n_g^H、n_b^H，其定义关系见表2-1。由此，不难得出：

当 $n_a = 0$ 时，其传动比 i_{Hb}^a 为

$$i_{Hb}^a = \frac{n_H}{n_b} = \frac{Z_2 Z_4}{Z_2 Z_4 - Z_1 Z_3} \tag{2-2}$$

式中　Z_1——固定面齿轮 a 的齿数；

　　　Z_4——转动面齿轮 b 的齿数；

　　　Z_2——行星面齿轮 g 与 a 侧啮合的齿数；

　　　Z_3——行星面齿轮 g 与 b 侧啮合的齿数。

当 $n_a \neq 0$ 时，其传动比 i_{Hb} 为

$$i_{Hb} = \frac{n_H}{n_b} = \frac{i_{Hb}^a}{1 + \dfrac{n_a}{n_H}(i_{Hb}^a - 1)} \tag{2-3}$$

2.2.2　齿配约束条件

由式（2-1）可知，若 $|Z_2 Z_4 - Z_1 Z_3|$ 的值很小，则机构有很大传动比；若 $Z_2 Z_4 -$

$Z_1Z_3=0$，机构处于"自锁"状态；若 $Z_2Z_4-Z_1Z_3>0$，则机构的输出、输入方向相同；若 $Z_2Z_4-Z_1Z_3<0$，则机构的输出、输入方向反向；若 $Z_1=Z_2$，传动比仅与 Z_3、Z_4 有关；若 $Z_3=Z_4$，传动比仅与 Z_1、Z_2 有关。

增大齿差会丰富传动比解，但齿差增大会增加机构尺寸，失去体积优势，建议齿差不超过 3；当齿数较多，结构尺寸同样会增大，建议齿数不超过 100；若齿数过小，须加大章动角以避让章动运动造成的齿廓之间的干涉，因此建议齿数不小于 20。综上，给出章动面齿轮的齿配约束条件如下

$$0 \leqslant Z_2-Z_1 \leqslant 3$$
$$0 \leqslant Z_3-Z_4 \leqslant 3$$
$$Z_2Z_4 \neq Z_1Z_3 \qquad\qquad (2\text{-}4)$$
$$20 \leqslant Z_1,Z_4 \leqslant 100$$
$$Z_1,Z_2,Z_3,Z_4 \in N^*$$

当齿差不大于 1，传动比 i 在式（2-4）的约束条件下解的集合如图 2-5 所示，其中横坐标 N 表示解的数量，纵坐标 i 表示传动比的大小。在图 2-5a 中，共有 9801 个正数解，区间范围为 21~10000；在图 2-5b 中，共有 9801 个负数解，区间范围为 -9999~-20。由此可知，章动面齿轮传动不仅可实现单级大传动比传动，还能提供同、反向两种输出模式，具有广阔的应用前景。

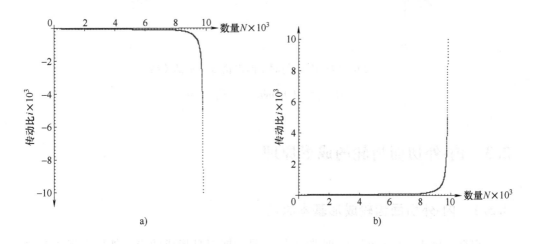

图 2-5 齿配约束条件下传动比的解

a）正数解 b）负数解

2.2.3 n_a对传动比的影响

由式（2-3）可知，当 $n_a \neq 0$ 时，机构传动比 i_{Hb} 与转速 n_H 和 n_a 有关。设 $n_H =$ 1500r/min，分别取 $i_{Hb}^a = 50$、100、200，得到传动比 i_{Hb} 和 n_a 的关系曲线如图 2-6a 所示；设传动比 $i_{Hb}^a = 100$，转速 n_H 分别取 1000r/min、1500r/min、3000r/min，得到传动比 i_{Hb} 和转速 n_a 的关系曲线如图 2-6b 所示。随着固定面齿轮转速 n_a 的改变，其传动比大小连续变化，利用这一特性，该机构可以转化为无级变速机构。

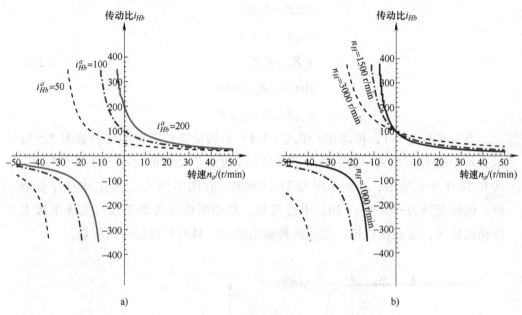

图 2-6 传动比 i_{Hb} 与固定面齿轮转速 n_a 的关系

a）$n_H = 1500$r/min b）$i_{Hb}^a = 100$

2.3 内-外切面齿轮的成形原理

2.3.1 内-外切面齿轮成形基本原理

根据卡姆士（Camus）定理[70]可知，同一把刀具形成的内、外切面齿轮是共轭啮合关系，所以，章动面齿轮中的内-外切面齿轮也是共轭啮合关系。图 2-7a 所示为内切面齿轮的成形示意图，图 2-7b 所示为外切面齿轮成形示意图。

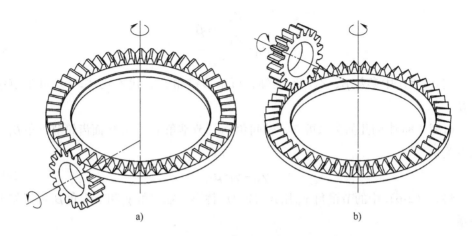

图 2-7 内-外切面齿轮成形示意图

a) 内切面齿轮的成形示意图 b) 外切面齿轮成形示意图

注：图中刀具为虚拟齿轮刀具，仅用于直观反映内切面齿轮与外切面齿轮的共轭啮合关系，

并非表示机械加工的实际情况。

2.3.2 章动面齿轮传动的基本参数

1. 第一对内-外切面齿轮

图 2-8a 所示为章动面齿轮传动中第一对（固定侧）内-外切面齿轮分别与刀具
1 啮合成形的示意图。β_1、β_2 分别是外切面齿轮和内切面齿轮的节锥角，β 为章动
角，γ_1 为外切面齿轮与刀具 1 的轴间角，γ_2 为内切面齿轮与刀具 1 的轴间角。由于
章动面齿轮传动需要两对内-外切面齿轮，因此需要两把刀具，设 γ_{S1} 为刀具 1 的节
锥角，Z_{S1} 为刀具 1 的齿数，与其啮合的外切面齿轮的齿数为 Z_1，内切面齿轮的齿
数为 Z_2。

外切面齿轮节锥角 β_1、内切面齿轮节锥角 β_2 以及章动角 β 有以下关系

$$\pi - \beta_2 = \beta_1 + \beta \tag{2-5}$$

外切面齿轮节锥角 β_1 与刀具 1 的节锥角 γ_{S1} 有如下关系

$$\frac{\sin\beta_1}{\sin\gamma_{S1}} = \frac{Z_1}{Z_{S1}} \tag{2-6}$$

内切面齿轮节锥角 β_2 与刀具 1 的节锥角 γ_{S1} 有如下关系

$$\frac{\sin(\pi - \beta_2)}{\sin\gamma_{S1}} = \frac{Z_2}{Z_{S1}} \tag{2-7}$$

根据式（2-5）~式（2-7），消除 β_2、Z_{S1}，可得节锥角 β_1 的表达式为

$$\cot\beta_1 = \frac{\dfrac{Z_2}{Z_1} - \cos\beta}{\sin\beta} \tag{2-8}$$

式（2-8）中参数 β、Z_1、Z_2 已知，可求节锥角 β_1，代入式（2-5）可求节锥角 β_2。

由图 2-8a 中的几何关系可知，轴间角 γ_1、节锥角 γ_{S1}、外切面齿轮节锥角 β_1 有如下关系

$$\gamma_{S1} = \gamma_1 - \beta_1 \tag{2-9}$$

将式（2-6）中的节锥角 γ_{S1} 用式（2-9）替换，轴间角 γ_1 和节锥角 β_1 可得如下关系

$$\cot\beta_1 = \frac{\dfrac{Z_{S1}}{Z_1} + \cos\gamma_1}{\sin\gamma_1} \tag{2-10}$$

式（2-10）中，β_1、Z_{S1}、Z_1 已知，可求轴间角 γ_1，代入式（2-9）即可求节锥角 γ_{S1}。

同理，由图 2-8a 中的几何关系可知，轴间角 γ_2、节锥角 γ_{S1}、内切面齿轮节锥角 β_2 有如下关系

$$\gamma_2 = \beta_2 - \gamma_{S1} \tag{2-11}$$

因此，整理得第一对（固定侧）内-外切章动面齿轮传动的基本参数计算公式如下

$$\cot\beta_1 = \frac{i_{12} - \cos\beta}{\sin\beta}, \quad 0 < \beta_1 < \frac{\pi}{2}$$

$$\beta_2 = \pi - \beta_1 - \beta$$

$$\cot\beta_1 = \frac{i_{1S1} + \cos\gamma_1}{\sin\gamma_1}, \quad 0 < \gamma_1 < \pi \tag{2-12}$$

$$\gamma_{S1} = \gamma_1 - \beta_1$$

$$\gamma_2 = \beta_2 - \gamma_{S1}$$

式（2-12）中，外切面齿轮与内切面齿轮的传动比 i_{12}、外切面齿轮与刀具 1 的传动比 i_{1S1} 由下列公式确定

$$i_{12} = \frac{1}{i_{21}} = \frac{Z_2}{Z_1}$$

$$\tag{2-13}$$

$$i_{1S1} = \frac{1}{i_{S11}} = \frac{Z_{S1}}{Z_1}$$

2. 第二对内-外切面齿轮

图 2-8b 所示为章动面齿轮传动中第二对（转动侧）内-外切面齿轮与刀具 2 啮合成形的示意图。β_3、β_4 分别是内切面齿轮和外切面齿轮的节锥角，β 为章动角，γ_4 为外切面齿轮与刀具 2 的轴间角，γ_3 为内切面齿轮与刀具 2 的轴间角，假设 γ_{S2} 为刀具 2 的节锥角，Z_{S2} 为刀具 2 的齿数，与其啮合的外切面齿轮的齿数为 Z_4，内切面齿轮的齿数为 Z_3，可得出第二对内-外切章动面齿轮传动的基本参数计算公式如下

$$
\begin{aligned}
&\cot\beta_4 = \frac{i_{43}-\cos\beta}{\sin\beta}, \quad 0<\beta_4<\frac{\pi}{2} \\
&\beta_3 = \pi-\beta_4-\beta \\
&\cot\beta_4 = \frac{i_{4S2}+\cos\gamma_4}{\sin\gamma_1}, \quad 0<\gamma_4<\pi \\
&\gamma_{S2} = \gamma_4-\beta_4 \\
&\gamma_3 = \beta_3-\gamma_{S2}
\end{aligned}
\qquad (2\text{-}14)
$$

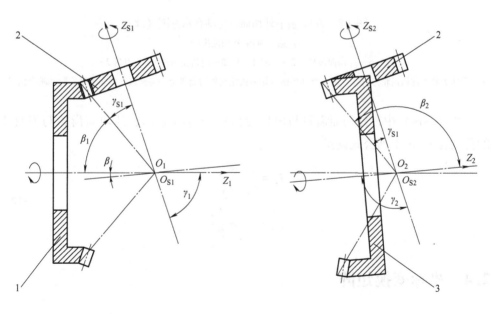

a)

图 2-8　刀具与内-外切面齿轮啮合示意图

a）第一对内-外切面齿轮

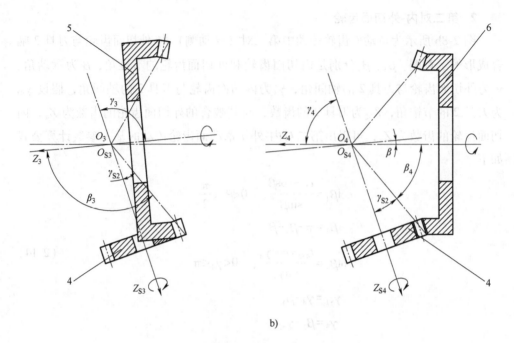

b)

图 2-8 刀具与内-外切面齿轮啮合示意图（续）

b）第二对内-外切面齿轮

1、6—外切面齿轮　2—刀具1　3、5—内切面齿轮　4—刀具2

注：图中刀具为虚拟齿轮刀具，仅用于直观反映内切面齿轮与外切面齿轮相关参数，并非表示实际的啮合情况。

式（2-14）中，外切面齿轮与内切面齿轮的传动比 i_{43}、外切面齿轮与刀具2 的传动比 i_{4S2} 由下列公式确定

$$i_{43} = \frac{1}{i_{34}} = \frac{Z_3}{Z_4}$$

$$i_{4S2} = \frac{1}{i_{S24}} = \frac{Z_{S2}}{Z_4}$$

（2-15）

2.4　坐标变换矩阵

当输入轴转速为 n_H（方向见图 2-3），假设给该机构一个大小为 n_H 的反向转速，输入轴相对静止，而外切面齿轮（指图 2-8a 中的外切面齿轮）相当于增加了一个与 n_H 大小相等、方向相反的转速，此时刀具1的旋转方向如图 2-8a 所示，它绕自身回转轴线做旋转运动。

2.4.1 局部坐标系下外切面齿轮的变换矩阵

1. 局部坐标系下外切面齿轮 1 的变换矩阵

如图 2-9a 所示，坐标系 $S_{10}(O_{10}x_{10}y_{10}z_{10})$ 为固定坐标系，z_{10} 与外切面齿轮 1 的回转轴线重合，坐标系 $S_1(O_1x_1y_1z_1)$ 与外切面齿轮 1 相固连，$S_{S10}(O_{S10}x_{S10}y_{S10}z_{S10})$ 为固定坐标系，z_{S10} 与刀具 1 回转轴线重合，坐标系 $S_{S1}(O_{S1}x_{S1}y_{S1}z_{S1})$ 与刀具 1 相固连。上述三个坐标系的原点重合，z_{10}、z_1 重合，x_{S10}、x_{10} 重合，z_{S1}、z_{S10} 重合。z_{10} 与 z_{S10} 夹角为 $\pi-\gamma_1$，ϕ_{S1} 为刀具 1 的瞬时自转角，ϕ_1 为外切面齿轮 1 的瞬时自转角。

坐标系 S_{S1} 绕 z_{S1} 顺时针旋转 ϕ_{S1} 变换至固定坐标系 S_{10} 的变换矩阵 $\boldsymbol{M}_{S10S1}$ 为

$$\boldsymbol{M}_{S10S1}=\begin{pmatrix} \cos\phi_{S1} & -\sin\phi_{S1} & 0 & 0 \\ \sin\phi_{S1} & \cos\phi_{S1} & 0 & 0 \\ 0 & 0 & 1 & 0 \\ 0 & 0 & 0 & 1 \end{pmatrix} \tag{2-16}$$

坐标系 S_{S10} 绕 x_{S10} 轴顺时针旋转 $\pi-\gamma_1$ 变换至固定坐标系 S_{10} 的变换矩阵 $\boldsymbol{M}_{10S10}$ 为

$$\boldsymbol{M}_{10S10}=\begin{pmatrix} 1 & 0 & 0 & 0 \\ 0 & \cos(\pi-\gamma_1) & -\sin(\pi-\gamma_1) & 0 \\ 0 & \sin(\pi-\gamma_1) & \cos(\pi-\gamma_1) & 0 \\ 0 & 0 & 0 & 1 \end{pmatrix} \tag{2-17}$$

坐标系 S_{10} 绕 z_{10} 轴逆时针旋转 ϕ_1 变换至固定坐标系 S_1 的变换矩阵 $\boldsymbol{M}_{110}$ 为

$$\boldsymbol{M}_{110}=\begin{pmatrix} \cos\phi_1 & \sin\phi_1 & 0 & 0 \\ -\sin\phi_1 & \cos\phi_1 & 0 & 0 \\ 0 & 0 & 1 & 0 \\ 0 & 0 & 0 & 1 \end{pmatrix} \tag{2-18}$$

由式（2-16）~式（2-18）得到由坐标系 S_{S1} 变化到坐标系 S_1 的变换矩阵 $\boldsymbol{M}_{1S1}$ 为

$$\boldsymbol{M}_{1S1}=\boldsymbol{M}_{110}\boldsymbol{M}_{10S10}\boldsymbol{M}_{S10S1}=\begin{pmatrix} a_{11} & a_{12} & a_{13} & 0 \\ a_{21} & a_{22} & a_{23} & 0 \\ a_{31} & a_{32} & a_{33} & 0 \\ 0 & 0 & 0 & 1 \end{pmatrix} \tag{2-19}$$

式中　$a_{11}=\cos\phi_1\cos\phi_{S1}-\cos\gamma_1\sin\phi_1\sin\phi_{S1}$；

$a_{12} = -\cos\gamma_1\sin\phi_1\cos\phi_{S1} - \cos\phi_1\sin\phi_{S1}$;

$a_{13} = -\sin\gamma_1\sin\phi_1$;

$a_{21} = -\sin\phi_1\cos\phi_{S1} - \cos\gamma_1\cos\phi_1\sin\phi_{S1}$;

$a_{22} = -\cos\gamma_1\cos\phi_1\cos\phi_{S1} + \sin\phi_1\sin\phi_{S1}$;

$a_{23} = -\sin\gamma_1\cos\phi_1$;

$a_{31} = \sin\gamma_1\sin\phi_{S1}$;

$a_{32} = \sin\gamma_1\cos\phi_{S1}$;

$a_{33} = -\cos\gamma_1$ 。

2. 局部坐标系下外切面齿轮4的变换矩阵

如图 2-9b 所示，$S_{40}(O_{40}x_{40}y_{40}z_{40})$ 为固定坐标系，z_{40} 轴与外切面齿轮 4 的回转轴相重合，坐标系 $S_4(O_4x_4y_4z_4)$ 与外切面齿轮 4 固连，$S_{S40}(O_{S40}x_{S40}y_{S40}z_{S40})$ 为固定坐标系，z_{S40} 与刀具 2 的轴线相重合，坐标系 $S_{S4}(O_{S4}x_{S4}y_{S4}z_{S4})$ 与刀具 2 固连。上述坐标系的原点重合，z_{40}、z_4 重合，x_{S40}、x_{40} 重合，z_{S4}、z_{S40} 重合。z_{40} 与 z_{S40} 的夹角为 $\pi-\gamma_4$，ϕ_{S4} 为刀具 2 的瞬时自转角，ϕ_4 为外切面齿轮 4 的瞬时自转角。

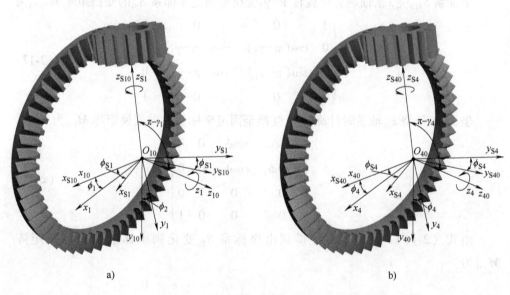

图 2-9 外切齿成形各坐标系之间的关系

a) 局部坐标系下外切面齿轮 1 的变换矩阵   b) 局部坐标系下外切面齿轮 4 的变换矩阵

同理，可得到由坐标系 S_{S4} 变化到坐标系 S_4 的变换矩阵 M_{4S4} 为

$$M_{4S4} = \begin{pmatrix} d_{11} & d_{12} & d_{13} & 0 \\ d_{21} & d_{22} & d_{23} & 0 \\ d_{31} & d_{32} & d_{33} & 0 \\ 0 & 0 & 0 & 1 \end{pmatrix} \tag{2-20}$$

式中　$d_{11} = \cos\phi_4\cos\phi_{S4} - \cos\gamma_4\sin\phi_4\sin\phi_{S4}$；

$d_{12} = -\cos\gamma_4\sin\phi_4\cos\phi_{S4} - \cos\phi_4\sin\phi_{S4}$；

$d_{13} = -\sin\gamma_4\sin\phi_4$；

$d_{21} = -\sin\phi_4\cos\phi_{S4} - \cos\gamma_4\cos\phi_4\sin\phi_{S4}$；

$d_{22} = -\cos\gamma_4\cos\phi_4\cos\phi_{S4} + \sin\phi_4\sin\phi_{S4}$；

$d_{23} = -\sin\gamma_4\cos\phi_4$；

$d_{31} = \sin\gamma_4\sin\phi_{S4}$；

$d_{32} = \sin\gamma_4\cos\phi_{S4}$；

$d_{33} = -\cos\gamma_4$。

2.4.2　局部坐标系下内切面齿轮的变换矩阵

1. 局部坐标系下内切面齿轮 2 的变换矩阵

如图 2-10a 所示，$S_{20}(O_{20}x_{20}y_{20}z_{20})$ 为固定坐标系，z_{20} 与内切面齿轮 2 的回转轴线重合，坐标系 $S_2(O_2x_2y_2z_2)$ 与内切面齿轮 2 相固连，$S_{S20}(O_{S20}x_{S20}y_{S20}z_{S20})$ 为固定坐标系，z_{S20} 与刀具 1 的轴线重合，坐标系 $S_{S2}(O_{S2}x_{S2}y_{S2}z_{S2})$ 与刀具 1 固连。上述坐标系原点重合，z_{20}、z_2 重合，x_{S20}、x_{20} 重合，z_{S2}、z_{S20} 重合。z_{20} 与 z_{S20} 的夹角为 γ_2，ϕ_{S2} 为刀具 1 的瞬时自转角，ϕ_2 为内切面齿轮 2 的瞬时自转角。

坐标系 S_{S2} 绕 z_{S2} 轴顺时针旋转 ϕ_{S2} 变换至固定坐标系 S_{S20} 的变换矩阵 M_{S20S2} 为

$$M_{S20S2} = \begin{pmatrix} \cos\phi_{S2} & -\sin\phi_{S2} & 0 & 0 \\ \sin\phi_{S2} & \cos\phi_{S2} & 0 & 0 \\ 0 & 0 & 1 & 0 \\ 0 & 0 & 0 & 1 \end{pmatrix} \tag{2-21}$$

坐标系 S_{S20} 绕 x_{S20} 顺时针旋转 γ_2 变换至定坐标系 S_{20} 的变换矩阵 M_{20S20} 为

$$M_{20S20} = \begin{pmatrix} 1 & 0 & 0 & 0 \\ 0 & \cos\gamma_2 & -\sin\gamma_2 & 0 \\ 0 & \sin\gamma_2 & \cos\gamma_2 & 0 \\ 0 & 0 & 0 & 1 \end{pmatrix} \tag{2-22}$$

坐标系 S_{20} 绕 z_{20} 轴逆时针旋转 ϕ_2 变换至定坐标系 S_2 的变换矩阵 $\boldsymbol{M}_{220}$ 为

$$\boldsymbol{M}_{220} = \begin{pmatrix} \cos\phi_2 & \sin\phi_2 & 0 & 0 \\ -\sin\phi_2 & \cos\phi_2 & 0 & 0 \\ 0 & 0 & 1 & 0 \\ 0 & 0 & 0 & 1 \end{pmatrix} \tag{2-23}$$

由式（2-21）~式（2-23），得到由坐标系 S_{S2} 变化到坐标系 S_2 的变换矩阵 $\boldsymbol{M}_{2S2}$ 为

$$\boldsymbol{M}_{2S2} = \boldsymbol{M}_{220}\boldsymbol{M}_{20S20}\boldsymbol{M}_{S20S2} = \begin{pmatrix} b_{11} & b_{12} & b_{13} & 0 \\ b_{21} & b_{22} & b_{23} & 0 \\ b_{31} & b_{32} & b_{33} & 0 \\ 0 & 0 & 0 & 1 \end{pmatrix} \tag{2-24}$$

式中　$b_{11} = \cos\phi_2\cos\phi_{S2} + \cos\gamma_2\sin\phi_2\sin\phi_{S2}$；

$b_{12} = \cos\gamma_2\sin\phi_2\cos\phi_{S2} - \cos\phi_2\sin\phi_{S2}$；

$b_{13} = -\sin\gamma_2\sin\phi_2$；

$b_{21} = -\sin\phi_2\cos\phi_{S2} + \cos\gamma_2\cos\phi_2\sin\phi_{S2}$；

$b_{22} = \cos\phi_2\cos\phi_{S2} + \sin\phi_2\sin\phi_{S2}$；

$b_{23} = -\sin\gamma_2\cos\phi_2$；

$b_{31} = \sin\gamma_2\sin\phi_{S2}$；

$b_{32} = \sin\gamma_2\cos\phi_{S2}$；

$b_{33} = \cos\gamma_2$。

2. 局部坐标系下内切面齿轮 3 的变换矩阵

如图 2-10b 所示，坐标系 $S_{30}(O_{30}x_{30}y_{30}z_{30})$ 为固定坐标系，z_{30} 与内切面齿轮 3 的轴线重合，坐标系 $S_3(O_3x_3y_3z_3)$ 与内切面齿轮 3 固连，$S_{S30}(O_{S30}x_{S30}y_{S30}z_{S30})$ 为固定坐标系，z_{S30} 与刀具 2 的轴线重合，坐标系 $S_{S3}(O_{S3}x_{S3}y_{S3}z_{S3})$ 与刀具 2 固连。上述坐标系原点重合，z_{30}、z_3 重合，x_{S30}、x_{30} 重合，z_{S3}、z_{S30} 重合。z_{30} 与 z_{S30} 的夹角为 γ_3，ϕ_{S3} 为刀具 2 的瞬时自转角，ϕ_3 为内切面齿轮 3 的瞬时自转角。

同理，得到由坐标系 S_{S3} 变化到坐标系 S_3 的变换矩阵 $\boldsymbol{M}_{3S3}$ 为

$$\boldsymbol{M}_{3S3} = \begin{pmatrix} c_{11} & c_{12} & c_{13} & 0 \\ c_{21} & c_{22} & c_{23} & 0 \\ c_{31} & c_{32} & c_{33} & 0 \\ 0 & 0 & 0 & 1 \end{pmatrix} \tag{2-25}$$

式中　$c_{11} = \cos\phi_3\cos\phi_{S3} + \cos\gamma_3\sin\phi_3\sin\phi_{S3}$；

$c_{12} = \cos\gamma_3\sin\phi_3\cos\phi_{S3} - \cos\phi_3\sin\phi_{S3}$；

$c_{13} = -\sin\gamma_3\sin\phi_3$；

$c_{21} = -\sin\phi_3\cos\phi_{S3} + \cos\gamma_3\cos\phi_3\sin\phi_{S3}$；

$c_{22} = \cos\gamma_3\cos\phi_3\cos\phi_{S3} + \sin\phi_3\sin\phi_{S3}$；

$c_{23} = -\sin\gamma_3\cos\phi_3$；

$c_{31} = \sin\gamma_3\sin\phi_{S3}$；

$c_{32} = \sin\gamma_3\cos\phi_{S3}$；

$c_{33} = \cos\gamma_3$。

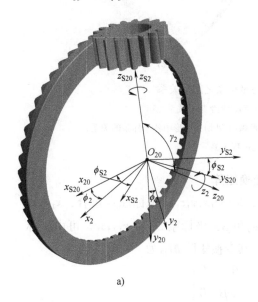
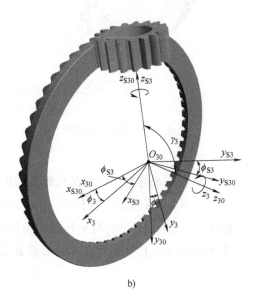

a)　　　　　　　　　　　　　　　　　　　b)

图 2-10　内切齿成形各坐标系之间的关系

a）局部坐标系下内切面齿轮 2 的变换矩阵　b）局部坐标系下内切面齿轮 3 的变换矩阵

注：图中刀具为虚拟齿轮刀具，仅用于直观反映内切齿成形时各坐标系的关系，
与实际的机械加工过程无关。

2.4.3　统一坐标系下内-外切面齿轮的变换矩阵

上述外切、内切面齿轮分别在不同的坐标系中表述，以外切面齿轮 1 的坐标系为统一坐标系，图 2-11 所示为固定侧和转动侧的内-外切面齿轮坐标系的关系。

1. 统一坐标系下外切面齿轮 1 的坐标变换矩阵

外切面齿轮 1 本身是在坐标系 $S_1(O_1x_1y_1z_1)$ 中表述，坐标变换矩阵方程见式（2-19）。

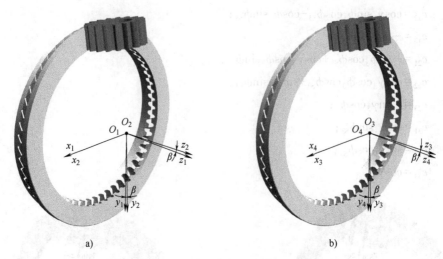

图 2-11　内-外切齿成形各坐标系之间的关系

a）固定侧坐标系关系　b）转动侧坐标系关系

注：图中刀具为虚拟齿轮刀具，仅用于直观反映内-外切齿成形中各坐标系的关系，

与实际的机械加工过程无关。

2. 统一坐标系下内切面齿轮 2 的坐标变换矩阵

如图 2-11a 所示，坐标系 $S_2(O_2x_2y_2z_2)$、$S_1(O_1x_1y_1z_1)$ 坐标原点重合，x_1、x_2 轴重合，z_2 与 z_1 轴、y_2 与 y_1 轴的夹角均为章动角 β，坐标系 $S_1(O_1x_1y_1z_1)$ 可由坐标系 $S_2(O_2x_2y_2z_2)$ 绕 x_2 轴顺时针旋转 β 得到，其变换矩阵 $\boldsymbol{M}_{12}$ 为

$$\boldsymbol{M}_{12}=\begin{pmatrix} 1 & 0 & 0 & 0 \\ 0 & \cos\beta & -\sin\beta & 0 \\ 0 & \sin\beta & \cos\beta & 0 \\ 0 & 0 & 0 & 1 \end{pmatrix} \qquad (2\text{-}26)$$

因此，内切面齿轮 2 在统一坐标系下的变换矩阵 $\boldsymbol{M}_{1S2}$ 为

$$\boldsymbol{M}_{1S2}=\boldsymbol{M}_{12}\boldsymbol{M}_{2S2}=\begin{pmatrix} e_{11} & e_{12} & e_{13} & 0 \\ e_{21} & e_{22} & e_{23} & 0 \\ e_{31} & e_{32} & e_{33} & 0 \\ 0 & 0 & 0 & 1 \end{pmatrix} \qquad (2\text{-}27)$$

式中　$e_{11}=\cos\phi_2\cos\phi_{S2}+\cos\gamma_2\sin\phi_2\sin\phi_{S2}$；

$e_{12}=\cos\gamma_2\sin\phi_2\cos\phi_{S2}-\cos\phi_2\sin\phi_{S2}$；

$e_{13}=-\sin\gamma_2\sin\phi_2$；

$e_{21}=-\cos\beta\sin\phi_2\cos\phi_{S2}+(\cos\beta\cos\gamma_2\cos\phi_2-\sin\beta\sin\gamma_2)\sin\phi_{S2}$；

$e_{22} = \cos\phi_{S2}(\cos\beta\cos\gamma_2\cos\phi_2 - \sin\beta\sin\gamma_2) + \cos\beta\sin\phi_{S2}\sin\phi_2$;

$e_{23} = -\cos\gamma_2\sin\beta - \cos\beta\sin\gamma_2\cos\phi_2$;

$e_{31} = -\cos\phi_{S2}\sin\beta\sin\phi_2 + (\cos\gamma_2\cos\phi_2\sin\beta + \cos\beta\sin\gamma_2)\sin\phi_{S2}$;

$e_{32} = \cos\phi_{S2}(\cos\gamma_2\cos\phi_2\sin\beta + \cos\beta\sin\gamma_2) + \sin\beta\sin\phi_2\sin\phi_{S2}$;

$e_{33} = \cos\beta\cos\gamma_2 - \cos\phi_2\sin\beta\sin\gamma_2$ 。

3. 统一坐标系下内切面齿轮 3 的坐标变换矩阵

如图 2-11b 所示，坐标系 $S_3(O_3x_3y_3z_3)$、$S_4(O_4x_4y_4z_4)$ 原点重合，x_4、x_3 轴重合，z_3、z_4 轴夹角，y_3、y_4 轴夹角均为章动角 β，坐标系 $S_4(O_4x_4y_4z_4)$ 可由坐标系 $S_3(O_3x_3y_3z_3)$ 绕 x_3 轴顺时针旋转 β 得到，其变换矩阵 $\boldsymbol{M}_{43}$ 为

$$\boldsymbol{M}_{43} = \begin{pmatrix} 1 & 0 & 0 & 0 \\ 0 & \cos\beta & -\sin\beta & 0 \\ 0 & \sin\beta & \cos\beta & 0 \\ 0 & 0 & 0 & 1 \end{pmatrix} \tag{2-28}$$

由图 2-8 可知，z_4 轴与 z_1 轴共线且反向，因此，将坐标系 $S_4(O_4x_4y_4z_4)$ 绕 x_4 轴旋转 π 可将 z_4 轴与 z_1 轴同向，其回转变换矩阵 $\boldsymbol{M}_{14}$ 为

$$\boldsymbol{M}_{14} = \begin{pmatrix} 1 & 0 & 0 & 0 \\ 0 & \cos\pi & -\sin\pi & 0 \\ 0 & \sin\pi & \cos\pi & 0 \\ 0 & 0 & 0 & 1 \end{pmatrix} \tag{2-29}$$

因此，内切面齿轮 3 在统一坐标系下的变换矩阵 $\boldsymbol{M}_{1S3}$ 为

$$\boldsymbol{M}_{1S3} = \boldsymbol{M}_{14}\boldsymbol{M}_{43}\boldsymbol{M}_{3S3} = \begin{pmatrix} f_{11} & f_{12} & f_{13} & 0 \\ f_{21} & f_{22} & f_{23} & 0 \\ f_{31} & f_{32} & f_{33} & 0 \\ 0 & 0 & 0 & 1 \end{pmatrix} \tag{2-30}$$

式中　$f_{11} = \cos\phi_3\cos\phi_{S3} + \cos\gamma_3\sin\phi_3\sin\phi_{S3}$;

$f_{12} = \cos\gamma_3\sin\phi_3\cos\phi_{S3} - \cos\phi_3\sin\phi_{S3}$;

$f_{13} = -\sin\gamma_3\sin\phi_3$;

$f_{21} = \cos\beta\sin\phi_3\cos\phi_{S3} + (\cos\beta\cos\gamma_3\cos\phi_3 + \sin\beta\sin\gamma_3)\sin\phi_{S3}$;

$f_{22} = \cos\phi_{S3}(-\cos\beta\cos\gamma_3\cos\phi_3 + \sin\beta\sin\gamma_3) - \cos\beta\sin\phi_{S3}\sin\phi_3$;

$f_{23} = \cos\gamma_3\sin\beta + \cos\beta\sin\gamma_3\cos\phi_3$;

$f_{31} = \cos\phi_{S3}\sin\beta\sin\phi_3 + (-\cos\gamma_3\cos\phi_3\sin\beta - \cos\beta\sin\gamma_3)\sin\phi_{S3}$;

$f_{32} = \cos\phi_{S3}(-\cos\gamma_3\cos\phi_3\sin\beta - \cos\beta\sin\gamma_3) - \sin\beta\sin\phi_3\sin\phi_{S3}$;

$$f_{33} = -\cos\beta\cos\gamma_3 + \cos\phi_3\sin\beta\sin\gamma_3 \text{。}$$

4. 统一坐标系下外切面齿轮 4 的坐标变换矩阵

由图 2-8 可知，z_4 轴与 z_1 轴共线且反向，将坐标系 $S_4(O_4x_4y_4z_4)$ 绕 x_4 轴旋转 π 可使 z_4 轴与 z_1 轴同向，外切面齿轮 4 在统一坐标系下的变换矩阵 $\boldsymbol{M}_{1S4}$ 为

$$\boldsymbol{M}_{1S4} = \boldsymbol{M}_{14}\boldsymbol{M}_{4S4} = \begin{pmatrix} g_{11} & g_{12} & g_{13} & 0 \\ g_{21} & g_{22} & g_{23} & 0 \\ g_{31} & g_{32} & g_{33} & 0 \\ 0 & 0 & 0 & 1 \end{pmatrix} \tag{2-31}$$

式中 $g_{11} = \cos\phi_2\cos\phi_{S4} + \cos\gamma_2\sin\phi_2\sin\phi_{S4}$；

$g_{12} = \cos\gamma_2\sin\phi_2\cos\phi_{S4} - \cos\phi_2\sin\phi_{S4}$；

$g_{13} = -\sin\gamma_2\sin\phi_2$；

$g_{21} = -\sin\phi_2\cos\phi_{S4} + \cos\gamma_2\cos\phi_2\sin\phi_{S4}$；

$g_{22} = \cos\phi_{S4}\cos\gamma_2\cos\phi_2 + \sin\phi_{S4}\sin\phi_2$；

$g_{23} = -\sin\gamma_2\cos\phi_2$；

$g_{31} = \sin\gamma_2\sin\phi_{S4}$；

$g_{32} = \cos\phi_{S4}\sin\gamma_2$；

$g_{33} = \cos\gamma_2$。

2.5 局部坐标系下的齿面方程

2.5.1 刀具的渐开线齿廓方程

基本型章动面齿轮传动系统由两对内-外切面齿轮组成，两把刀具分别同内-外切面齿轮啮合，这里不区分刀具 1 和刀具 2，成形刀具的渐开线齿廓如图 2-12 所示。

平面 $x_S = 0$ 为刀具对称面，只讨论端截面内具有渐开线齿廓 $\widehat{M_0M}$ 齿槽的左侧齿面，流动点 M 的位置可用矢量 $\boldsymbol{r}_S(\theta_S, u_S)$ 表示为

$$\boldsymbol{r}_S(\theta_S, u_S) = \begin{pmatrix} +r_b[\sin(\theta_{S0} + \theta_S) - \theta_S\cos(\theta_{S0} + \theta_S)] \\ -r_b[\cos(\theta_{S0} + \theta_S) + \theta_S\sin(\theta_{S0} + \theta_S)] \\ u_S \\ 1 \end{pmatrix} \tag{2-32}$$

式中 r_b——成形刀具的基圆半径；

　　θ_{S0}——渐开线起始点 M_0 切线与刀具轮齿对称线的角度；

　　θ_S——渐开线流动点 M 切线与渐开线起始点 M_0 切线之间的夹角；

　　u_S——刀具流动点的轴向参数。

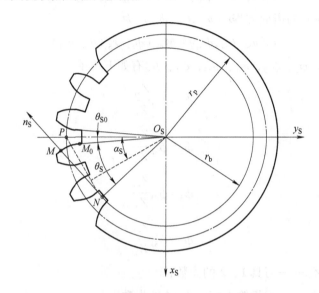

图 2-12　用于推导方程用的刀具渐开线齿廓

其中，θ_{S0} 的计算公式如下

$$\theta_{S0}=\frac{\pi}{2Z_S}-\mathrm{inv}\alpha_S=\frac{\pi}{2Z_S}-\tan\alpha_S+\alpha_S \tag{2-33}$$

式中　α_S——刀具的压力角；

　　　Z_S——刀具齿数。

根据式（2-32），成形刀具齿面的单位法向矢量 $\boldsymbol{n}_S(\theta_S)$ 为

$$\boldsymbol{n}_S(\theta_S)=\frac{\dfrac{\partial\boldsymbol{r}_S}{\partial\theta_S}\times\dfrac{\partial\boldsymbol{r}_S}{\partial u_S}}{\left|\dfrac{\partial\boldsymbol{r}_S}{\partial\theta_S}\times\dfrac{\partial\boldsymbol{r}_S}{\partial u_S}\right|}=\begin{pmatrix}-\cos(\theta_{S0}+\theta_S)\\-\sin(\theta_{S0}+\theta_S)\\0\end{pmatrix} \tag{2-34}$$

2.5.2　局部坐标系下的齿面方程

固定面齿轮 1 的齿面方程 $\boldsymbol{r}_1(u_{S1},\theta_{S1},\phi_{S1})$ 为

$$\boldsymbol{r}_1(u_{S1},\theta_{S1},\phi_{S1})=\boldsymbol{M}_{1S1}(\phi_{S1})\boldsymbol{r}_S(\theta_{S1},u_{S1}) \tag{2-35}$$

内切面齿轮 2 的齿面方程$\boldsymbol{r}_2(u_{S2},\theta_{S2},\phi_{S2})$ 为

$$\boldsymbol{r}_2(u_{S2},\theta_{S2},\phi_{S2})=\boldsymbol{M}_{2S2}(\phi_{S2})\boldsymbol{r}_{S2}(\theta_{S2},u_{S2}) \tag{2-36}$$

内切面齿轮 3 的齿面方程$\boldsymbol{r}_3(u_{S3},\theta_{S3},\phi_{S3})$ 为

$$\boldsymbol{r}_3(u_{S3},\theta_{S3},\phi_{S3})=\boldsymbol{M}_{3S3}(\phi_{S3})\boldsymbol{r}_{S3}(\theta_{S3},u_{S3}) \tag{2-37}$$

外切面齿轮 4 的齿面方程$\boldsymbol{r}_4(u_{S4},\theta_{S4},\phi_{S4})$ 为

$$\boldsymbol{r}_4(u_{S4},\theta_{S4},\phi_{S4})=\boldsymbol{M}_{4S4}(\phi_{S4})\boldsymbol{r}_{S4}(\theta_{S4},u_{S4}) \tag{2-38}$$

其中，ϕ_1、ϕ_{S1}，ϕ_2、ϕ_{S2}，ϕ_3、ϕ_{S3}，ϕ_4、ϕ_{S4} 有如下关系

$$
\begin{aligned}
\phi_1 &= \phi_{S1}\frac{Z_{S1}}{Z_1}\\[2mm]
\phi_2 &= \phi_{S2}\frac{Z_{S1}}{Z_2}\\[2mm]
\phi_3 &= \phi_{S3}\frac{Z_{S2}}{Z_3}\\[2mm]
\phi_4 &= \phi_{S4}\frac{Z_{S2}}{Z_4}
\end{aligned}
\tag{2-39}
$$

式中　　Z_{S1}、Z_{S2}——刀具 1、2 的齿数；

Z_1、Z_2、Z_3、Z_4——面齿轮 1、2、3、4 的齿数。

2.5.3　刀具与内-外切面齿轮的啮合方程

1. 外切面齿轮 1、内切面齿轮 2 与成形刀具 1 的啮合方程

由式 (2-19)、式 (2-34) 可推导出，固定面齿轮 1 的单位法向矢量$\boldsymbol{n}_1(\theta_{S1},\phi_{S1})$ 为

$$\boldsymbol{n}_1(\theta_{S1},\phi_{S1})=\boldsymbol{L}_{1S1}\boldsymbol{n}_{S1}=\begin{pmatrix}-a_{11}\cos(\theta_{10}+\theta_{S1})-a_{12}\sin(\theta_{10}+\theta_{S1})\\ -a_{21}\cos(\theta_{10}+\theta_{S1})-a_{22}\sin(\theta_{10}+\theta_{S1})\\ -a_{31}\cos(\theta_{10}+\theta_{S1})-a_{32}\sin(\theta_{10}+\theta_{S1})\end{pmatrix} \tag{2-40}$$

式中　　$\boldsymbol{L}_{1S1}$——$\boldsymbol{M}_{1S1}$ 的 3×3 阶子矩阵。

由式 (2-24)、式 (2-34) 可推导出，内切面齿轮 2 的单位法向矢量$\boldsymbol{n}_2(\theta_{S2},\phi_{S2})$ 为

$$\boldsymbol{n}_2(\theta_{S2},\phi_{S2})=\boldsymbol{L}_{2S2}\boldsymbol{n}_{S1}=\begin{pmatrix}-b_{11}\cos(\theta_{10}+\theta_{S2})-b_{12}\sin(\theta_{10}+\theta_{S2})\\ -b_{21}\cos(\theta_{10}+\theta_{S2})-b_{22}\sin(\theta_{10}+\theta_{S2})\\ -b_{31}\cos(\theta_{10}+\theta_{S2})-b_{32}\sin(\theta_{10}+\theta_{S2})\end{pmatrix} \tag{2-41}$$

式中　　$\boldsymbol{L}_{2S2}$——$\boldsymbol{M}_{2S2}$ 的 3×3 阶子矩阵。

设刀具 1 上的流动点在坐标系 S_{S1} 中的矢径$\boldsymbol{r}_{S1}(\theta_{S1})$ 为

$$r_{S1}(\theta_{S1}) = \begin{pmatrix} x_{S1} \\ y_{S1} \\ z_{S1} \end{pmatrix} = \begin{pmatrix} +r_{b1}\left[\sin(\theta_{10}+\theta_{S1}) - \theta_{S1}\cos(\theta_{10}+\theta_{S1})\right] \\ -r_{b1}\left[\cos(\theta_{10}+\theta_{S1}) + \theta_{S1}\sin(\theta_{10}+\theta_{S1})\right] \\ u_{S1} \end{pmatrix} \tag{2-42}$$

刀具 1 上的流动点在坐标系 S_{S2} 中的矢径 $r_{S2}(\theta_{S2})$ 为

$$r_{S2}(\theta_{S2}) = \begin{pmatrix} x_{S2} \\ y_{S2} \\ z_{S2} \end{pmatrix} = \begin{pmatrix} +r_{b1}\left[\sin(\theta_{10}+\theta_{S2}) - \theta_{S2}\cos(\theta_{10}+\theta_{S2})\right] \\ -r_{b1}\left[\cos(\theta_{10}+\theta_{S2}) + \theta_{S2}\sin(\theta_{10}+\theta_{S2})\right] \\ u_{S2} \end{pmatrix} \tag{2-43}$$

则刀具 1 在坐标系 S_{S1} 中速度 $v_{S1}^{(S1)}$、坐标系 S_{S2} 中速度 $v_{S2}^{(S2)}$ 可表示为

$$\begin{aligned} v_{S1}^{(S1)} &= \omega_{S1}^{(S1)} \times r_{S1} = \omega_{S1} k_{S1}^{(S1)} \times r_{S1} \\ v_{S2}^{(S2)} &= \omega_{S2}^{(S2)} \times r_{S2} = \omega_{S2} k_{S2}^{(S2)} \times r_{S2} \end{aligned} \tag{2-44}$$

外切面齿轮 1 在坐标系 S_{S1} 中的速度 $v_{S1}^{(1)}$ 和内切面齿轮 2 在坐标系 S_{S2} 中的速度 $v_{S2}^{(2)}$ 可表示为

$$\begin{aligned} v_{S1}^{(1)} &= \omega_{S1}^{(1)} \times r_{S1} = \omega_1 k_{S1}^{(1)} \times r_{S1} \\ v_{S2}^{(2)} &= \omega_{S2}^{(2)} \times r_{S2} = \omega_1 k_{S2}^{(2)} \times r_{S2} \end{aligned} \tag{2-45}$$

因此，刀具 1 与外切面齿轮 1 在接触点处的相对速度 $v_{S1}^{(S1,1)}$、与内切面齿轮 2 在接触点处的相对速度 $v_{S2}^{(S2,2)}$ 可表示为

$$\begin{aligned} v_{S1}^{(S1,1)} &= v_{S1}^{(S1)} - v_{S1}^{(1)} = \left(\omega_{S1} k_{S1}^{(S1)} - \omega_1 k_{S1}^{(1)}\right) \times r_{S1} \\ v_{S2}^{(S2,2)} &= v_{S2}^{(S2)} - v_{S2}^{(2)} = \left(\omega_{S2} k_{S2}^{(S2)} - \omega_1 k_{S2}^{(2)}\right) \times r_{S2} \end{aligned} \tag{2-46}$$

式中，$k_{S1}^{(S1)}$、$k_{S2}^{(S2)}$ 均为 $(0\ 0\ 1)^{\mathrm{T}}$。

$k_1^{(1)}$ 为坐标系 S_1 中 z_1 轴向的单位矢量，$k_2^{(2)}$ 为坐标系 S_2 中 z_2 轴向的单位矢量，$k_{S1}^{(1)}$、$k_{S2}^{(2)}$ 为 $k_1^{(1)}$、$k_2^{(2)}$ 分别在坐标系 S_{S1}、S_{S2} 中的表示，由式（2-19）、式（2-24）逆向反推可得

$$k_{S1}^{(1)} = \begin{pmatrix} \sin\gamma_1 \sin\phi_{S1} \\ \cos\phi_{S1} \sin\gamma_1 \\ -\cos\gamma_1 \end{pmatrix} \tag{2-47}$$

$$k_{S2}^{(2)} = \begin{pmatrix} \sin\gamma_2 \sin\phi_{S2} \\ \cos\phi_{S2} \sin\gamma_2 \\ \cos\gamma_2 \end{pmatrix}$$

为简化表达，设外切面齿轮 1 与刀具 1 的传动比 i_{1S1}、内切面齿轮 2 与刀具 1

的传动比 i_{2S2}，可表示为

$$i_{1S1} = \frac{Z_{S1}}{Z_1} = \frac{\phi_1}{\phi_{S1}} = \frac{\omega_1}{\omega_{S1}} = \frac{1}{i_{S11}}$$

$$i_{2S2} = \frac{Z_{S1}}{Z_2} = \frac{\phi_2}{\phi_{S2}} = \frac{\omega_2}{\omega_{S2}} = \frac{1}{i_{S22}}$$

(2-48)

将 ω_1 用 ω_{S1} 表达，ω_2 用 ω_{S2} 表达，代入式（2-46），得到刀具 1 与外切面齿轮 1 在接触位置的相对速度 $\boldsymbol{v}_{S1}^{(S1,1)}$、刀具 1 与内切面齿轮 2 在接触位置的相对速度 $\boldsymbol{v}_{S2}^{(S2,2)}$ 分别如下

$$\boldsymbol{v}_{S1}^{(S1,1)} = \omega_{S1} \begin{pmatrix} -y_{S1}(1+i_{1S1}\cos\gamma_1) - i_{1S1}z_{S1}\cos\phi_{S1}\sin\gamma_1 \\ x_{S1}(1+i_{1S1}\cos\gamma_1) + i_{1S1}z_{S1}\sin\phi_{S1}\sin\gamma_1 \\ i_{1S1}\sin\gamma_1(x_{S1}\cos\phi_{S1} - y_{S1}\sin\phi_{S1}) \end{pmatrix}$$

$$\boldsymbol{v}_{S2}^{(S2,2)} = \omega_{S2} \begin{pmatrix} y_{S2}(-1+i_{2S2}\cos\gamma_2) - i_{2S2}z_{S2}\cos\phi_{S2}\sin\gamma_2 \\ x_{S2}(1-i_{2S2}\cos\gamma_2) + i_{2S2}z_{S2}\sin\phi_{S2}\sin\gamma_2 \\ i_{2S2}\sin\gamma_2(x_{S2}\cos\phi_{S2} - y_{S2}\sin\phi_{S2}) \end{pmatrix}$$

(2-49)

由齿轮啮合原理[67]可知，刀具 1 与外切面齿轮 1 的啮合方程为

$$f_1(u_{S1},\theta_{S1},\phi_{S1}) = \boldsymbol{n}_{S1} \cdot \boldsymbol{v}_{S1}^{(S1,1)} = r_{b1}(1+i_{1S1}\cos\gamma_1) - u_{S1}i_{1S1}\cos(\theta_{10}+\theta_{S1}+\phi_{S1})\sin\gamma_1 = 0$$

(2-50)

同理，刀具 1 与内切面齿轮 2 的啮合方程为

$$f_2(u_{S2},\theta_{S2},\phi_{S2}) = \boldsymbol{n}_{S2} \cdot \boldsymbol{v}_{S2}^{(S2,2)} = r_{b1}(1-i_{2S2}\cos\gamma_2) - u_{S2}i_{2S2}\cos(\theta_{10}+\theta_{S2}+\phi_{S2})\sin\gamma_2 = 0$$

(2-51)

则刀具 1 在外切面齿轮 1、内切面齿轮 2 成形过程中的轴向参数表示为

$$u_{S1}(\theta_{S1},\phi_{S1}) = r_{b1}(i_{S11}+\cos\gamma_1)\csc\gamma_1\sec(\theta_{10}+\theta_{S1}+\phi_{S1})$$

$$u_{S2}(\theta_{S2},\phi_{S2}) = r_{b1}(i_{S22}+\cos\gamma_2)\csc\gamma_2\sec(\theta_{10}+\theta_{S2}+\phi_{S2})$$

(2-52)

$$r_{b1} = \frac{\cos\alpha_{S1}\times m_1\times Z_{S1}}{2}$$

$$\theta_{10} = \frac{\pi}{2Z_{S1}} - (\tan\alpha_{S1}-\alpha_{S1})$$

(2-53)

式中　r_{b1}——刀具 1 的基圆半径；

　　　m_1——刀具 1 模数；

　　　θ_{10}——刀具 1 渐开线起始点 M_0 的角度。

2. 内切面齿轮 3、外切面齿轮 4 与成型刀具 2 的啮合方程

同理，刀具 2 与内切面齿轮 3 的啮合方程为

$$f_3(u_{S3}, \theta_{S3}, \phi_{S3}) = \boldsymbol{n}_{S3} \cdot \boldsymbol{v}_{S3}^{(S3,3)} = r_{b2}(1 - i_{3S3}\cos\gamma_3) - u_{S3}i_{3S3}\cos(\theta_{20} + \theta_{S3} + \phi_{S3})\sin\gamma_3 = 0$$

$$(2-54)$$

刀具 2 与外切面齿轮 4 的啮合方程为

$$f_4(u_{S4}, \theta_{S4}, \phi_{S4}) = \boldsymbol{n}_{S4} \cdot \boldsymbol{v}_{S4}^{(S4,4)} = r_{b2}(1 + i_{4S4}\cos\gamma_4) - u_{S4}i_{4S4}\cos(\theta_{20} + \theta_{S4} + \phi_{S4})\sin\gamma_4 = 0$$

$$(2-55)$$

刀具 2 在内切面齿轮 3、外切面齿轮 4 成形过程中的轴向参数表示为

$$u_{S3}(\theta_{S3}, \phi_{S3}) = r_{b2}(i_{S33} - \cos\gamma_3)\csc\gamma_3\sec(\theta_{20} + \theta_{S3} + \phi_{S3})$$

$$u_{S4}(\theta_{S4}, \phi_{S4}) = r_{b2}(i_{S44} + \cos\gamma_4)\csc\gamma_4\sec(\theta_{20} + \theta_{S4} + \phi_{S4})$$

$$(2-56)$$

$$r_{b2} = \frac{\cos\alpha_{S2} \times m_2 \times Z_{S2}}{2}$$

$$(2-57)$$

$$\theta_{20} = \frac{\pi}{2Z_{S2}} - (\tan\alpha_{S2} - \alpha_{S2})$$

式中 r_{b2}——刀具 2 的基圆半径;

m_2——刀具 2 的模数;

θ_{20}——刀具 2 渐开线起始点 M_0 的角度。

为了简化表达,内切面齿轮 3 与刀具 2 的传动比 i_{3S3}、外切面齿轮 4 与刀具 2 的传动比 i_{4S4} 有如下关系

$$i_{3S3} = \frac{Z_{S2}}{Z_3} = \frac{\phi_3}{\phi_{S3}} = \frac{\omega_3}{\omega_{S3}} = \frac{1}{i_{S33}}$$

$$i_{4S4} = \frac{Z_{S2}}{Z_4} = \frac{\phi_4}{\phi_{S4}} = \frac{\omega_4}{\omega_{S4}} = \frac{1}{i_{S44}}$$

$$(2-58)$$

2.5.4 刀具轴向参数 u_S 和自转角 ϕ_S 的取值范围

内-外切面齿轮在成形过程中,外切面齿轮会产生齿顶变尖和齿根根切现象,内切面齿轮会产生齿根变尖和齿顶根切现象,由此可确定刀具轴向参数 u_S 和自转角 ϕ_S 的取值范围。

1. 固定侧内-外切面齿轮

根据面齿轮不产生根切的条件[68],有如下关系

$$\Delta_1(u_{S1}, \theta_{S1}, \phi_{S1}) = \begin{vmatrix} \dfrac{\partial x_{S1}}{\partial u_{S1}} & \dfrac{\partial x_{S1}}{\partial \theta_{S1}} & v_{S1x}^{(S1,1)} \\[2mm] \dfrac{\partial z_{S1}}{\partial u_{S1}} & \dfrac{\partial z_{S1}}{\partial \theta_{S1}} & v_{S1z}^{(S1,1)} \\[2mm] f_{u_{S1}} & f_{\theta_{S1}} & f_{\phi_{S1}}\omega_{S1} \end{vmatrix} = 0$$

$$(2-59)$$

式中 $v_{S1x}^{(S1,1)}$、$v_{S1z}^{(S1,1)}$——相对速度 $v_{S1}^{(S1,1)}$ 在 x_{S1} 和 z_{S1} 方向上的分量。

$$f_{u_{S1}}=\frac{\partial f_1}{\partial u_{S1}}, f_{\theta_{S1}}=\frac{\partial f_1}{\partial \theta_{S1}}, f_{\phi_{S1}}=\frac{\partial f_1}{\partial \phi_{S1}}$$

θ_{S1} 由式（2-60）可取最大值

$$\theta_{S1}^{**}=\frac{\sqrt{r_{a1}^2-r_{b1}^2}}{r_{b1}} \tag{2-60}$$

式中 r_{a1}——刀具 1 的齿顶圆半径；

r_{b1}——刀具 1 的基圆半径。

将 θ_{S1} 的最大值 θ_{S1}^{**} 代入式（2-59）中，解出 ϕ_{S1} 为 ϕ_{S1}^*，再将 ϕ_{S1}^*、θ_{S1}^{**} 代入式（2-52），解出 u_{S1} 为 u_{S1}^*。齿面方程中，u_{S1}、ϕ_{S1}、θ_{S1} 均为一定范围的变量，u_{S1}^*、ϕ_{S1}^* 相当于其取值范围的最小值。

当固定面齿轮 1 齿顶变尖时，尖点在坐标系 S_1 中正处于 $x_1=0$ 的对称面上，由图 2-9a 和图 2-11a 可知，此点正是由刀具 1 上的基圆和轴 y_{S1} 负方向的交点 $(0 \ -m_1Z_{S1}\cos\alpha_{S1} \ u_{S1})^{\mathrm{T}}$ 通过矩阵 M_{10S10} 变换而来，因此有下列等式成立

$$r_1(u_{S1},\theta_{S1},\phi_{S1})=M_{10S10}\begin{pmatrix} 0 \\ -\dfrac{m_1Z_{S1}\cos\alpha_{S1}}{2} \\ u_{S1} \\ 1 \end{pmatrix} \tag{2-61}$$

可解出 ϕ_{S1}，记为 ϕ_{S1}^{**}，是 ϕ_{S1} 的最大值；解出的 u_{S1} 的值记为 u_{S1}^{**}，是 u_{S1} 的最大值。

固定侧内切面齿轮 2 的齿顶不产生根切，有如下关系

$$\Delta_2(u_{S2},\theta_{S2},\phi_{S2})=\begin{vmatrix} \dfrac{\partial x_{S2}}{\partial u_{S2}} & \dfrac{\partial x_{S2}}{\partial \theta_{S2}} & v_{S2x}^{(S2,2)} \\ \dfrac{\partial z_{S2}}{\partial u_{S2}} & \dfrac{\partial z_{S2}}{\partial \theta_{S2}} & v_{S2z}^{(S2,2)} \\ f_{u_{S2}} & f_{\theta_{S2}} & f_{\phi_{S2}}\omega_{S2} \end{vmatrix}=0 \tag{2-62}$$

式中 $v_{S2x}^{(S2,2)}$、$v_{S2z}^{(S2,2)}$——相对速度 $v_{S2}^{(S2,2)}$ 在 x_{S2} 和 z_{S2} 方向上的分量。

$$f_{u_{S2}}=\frac{\partial f_2}{\partial u_{S2}}, f_{\theta_{S2}}=\frac{\partial f_2}{\partial \theta_{S2}}, f_{\phi_{S2}}=\frac{\partial f_2}{\partial \phi_{S2}}$$

θ_{S2} 由式（2-63）可取最大值

$$\theta_{S2}^{**}=\theta_{S1}^{**} \tag{2-63}$$

将 θ_{S2} 的最大值 θ_{S2}^{**} 代入式（2-62）中，解出 ϕ_{S2} 为 ϕ_{S2}^*，再将 ϕ_{S2}^*、θ_{S2}^{**} 代入式（2-52），解出 u_{S2} 为 u_{S2}^*。齿面方程中，u_{S2}、ϕ_{S2}、θ_{S2} 均为一定范围的变量，u_{S2}^*、ϕ_{S2}^* 相当于其取值范围的最小值。

当固定侧内切面齿轮 2 的齿根变尖时，尖点在坐标系 S_2 中正处于 $x_2 = 0$ 的对称面上，由图 2-10a 和图 2-11a 可知，此点是由刀具 1 上的基圆和轴 y_{S1} 负方向的交点 $(0 \quad -m_1 Z_{S1}\cos\alpha_{S1} \quad u_{S2})^{\mathrm{T}}$ 通过矩阵 M_{20S20} 变换而来，因此有下列等式成立

$$r_2(u_{S2},\theta_{S2},\phi_{S2}) = M_{20S20} \begin{pmatrix} 0 \\ -\dfrac{m_1 Z_{S1}\cos\alpha_{S1}}{2} \\ u_{S2} \\ 1 \end{pmatrix} \tag{2-64}$$

此时解出 ϕ_{S2}，记为 ϕ_{S2}^{**}，是 ϕ_{S2} 的最大值；解出 u_{S2} 的值记为 u_{S2}^{**}，是 u_{S2} 的最大值。

刀具 1 的轴向参数 u_{S12} 需满足内-外切面齿轮啮合要求，取值为

$$\max(u_{S1}^*,u_{S2}^*) \leqslant u_{S12} \leqslant \min(u_{S1}^{**},u_{S2}^{**}) \tag{2-65}$$

刀具 1 的自转角 ϕ_{S12} 需满足内-外切面齿轮啮合要求，取值为

$$\max(\phi_{S1}^*,\phi_{S2}^*) \leqslant \phi_{S12} \leqslant \min(\phi_{S1}^{**},\phi_{S2}^{**}) \tag{2-66}$$

2. 对于转动侧内-外切面齿轮

根据内切面齿轮齿顶的根切条件，有如下关系

$$\Delta_3(u_{S3},\theta_{S3},\phi_{S3}) = \begin{vmatrix} \dfrac{\partial x_{S3}}{\partial u_{S3}} & \dfrac{\partial x_{S3}}{\partial \theta_{S3}} & v_{S3x}^{(S3,3)} \\ \dfrac{\partial z_{S3}}{\partial u_{S3}} & \dfrac{\partial z_{S3}}{\partial \theta_{S3}} & v_{S3z}^{(S3,3)} \\ f_{u_{S3}} & f_{\theta_{S3}} & f_{\phi_{S3}}\omega_{S3} \end{vmatrix} = 0 \tag{2-67}$$

式中　$v_{S3x}^{(S3,3)}$、$v_{S3z}^{(S3,3)}$——相对速度 $v_{S3}^{(S3,3)}$ 在 x_{S3} 和 z_{S3} 方向上的分量。

$$f_{u_{S3}} = \frac{\partial f_3}{\partial u_{S3}}, \quad f_{\theta_{S3}} = \frac{\partial f_3}{\partial \theta_{S3}}, \quad f_{\phi_{S3}} = \frac{\partial f_3}{\partial \phi_{S3}}$$

θ_{S3} 由式（2-68）可取得最大值

$$\theta_{S3}^{**} = \frac{\sqrt{r_{a2}^2 - r_{b2}^2}}{r_{b2}} \tag{2-68}$$

式中　r_{a2}——刀具 2 的齿顶圆半径；

r_{b2}——刀具 2 的基圆半径。

将 θ_{S3} 的最大值 θ_{S3}^{**} 代入式（2-67）中，解出 ϕ_{S3} 为 ϕ_{S3}^{*}，再将求出的 ϕ_{S3}^{*}、θ_{S3}^{**} 代入式（2-56），解出 u_{S3} 为 u_{S3}^{*}。齿面方程中，u_{S3}、ϕ_{S3}、θ_{S3} 均为一定范围的变量，u_{S3}^{*}、ϕ_{S3}^{*} 相当于其取值范围的最小值。

当转动侧内切面齿轮齿根变尖时，尖点在坐标系 S_3 中正处于 $x_3 = 0$ 的对称面上，由图 2-10b 和图 2-11b 可知，此点正由刀具 2 上的基圆和轴 y_{S3} 负方向的交点 $(0 \ -m_2 Z_{S2}\cos\alpha_{S2} \ u_{S3})^{\mathrm{T}}$ 通过矩阵 $\boldsymbol{M}_{30S30}$ 变换而来，因此有下列等式成立

$$\boldsymbol{r}_3(u_{S3},\theta_{S3},\phi_{S3}) = \boldsymbol{M}_{30S30}\begin{pmatrix} 0 \\ -\dfrac{m_2 Z_{S2}\cos\alpha_{S2}}{2} \\ u_{S3} \\ 1 \end{pmatrix} \tag{2-69}$$

解出 ϕ_{S3}，记为 ϕ_{S3}^{**}，是 ϕ_{S3} 的最大值；解出 u_{S3}，记为 u_{S3}^{**}，是 u_{S3} 的最大值。

根据面齿轮不产生根切条件，转动侧外切面齿轮 4 有如下关系

$$\Delta_4(u_{S4},\theta_{S4},\phi_{S4}) = \begin{vmatrix} \dfrac{\partial x_{S4}}{\partial u_{S4}} & \dfrac{\partial x_{S4}}{\partial \theta_{S4}} & \boldsymbol{v}_{S4x}^{(S4,4)} \\ \dfrac{\partial z_{S4}}{\partial u_{S4}} & \dfrac{\partial z_{S4}}{\partial \theta_{S4}} & \boldsymbol{v}_{S4z}^{(S4,4)} \\ f_{u_{S4}} & f_{\theta_{S4}} & f_{\phi_{S4}}\omega_{S4} \end{vmatrix} = 0 \tag{2-70}$$

式中 $\boldsymbol{v}_{S4x}^{(S4,4)}$、$\boldsymbol{v}_{S4z}^{(S4,4)}$——相对速度 $\boldsymbol{v}_{S4}^{(S4,4)}$ 在 x_{S4} 和 z_{S4} 方向上的分量。

$$f_{u_{S4}} = \frac{\partial f_4}{\partial u_{S4}}, f_{\theta_{S4}} = \frac{\partial f_4}{\partial \theta_{S4}}, f_{\phi_{S4}} = \frac{\partial f_4}{\partial \phi_{S4}}$$

θ_{S4} 由式（2-71）可取最大值

$$\theta_{S4}^{**} = \theta_{S3}^{**} \tag{2-71}$$

将 θ_{S4} 的最大值 θ_{S4}^{**} 代入式（2-70）中，解出 ϕ_{S4} 为 ϕ_{S4}^{*}，再将求出的 ϕ_{S4}^{*}、θ_{S4}^{**} 代入式（2-56），解出 u_{S4} 为 u_{S4}^{*}。齿面方程中，u_{S4}、ϕ_{S4}、θ_{S4} 均为一定范围的变量，u_{S4}^{*}、ϕ_{S4}^{*} 相当于其取值范围的最小值。

当转动面齿轮 4 齿顶变尖时，尖点在坐标系 S_4 中正处于 $x_4 = 0$ 的对称面上，由图 2-9b 和图 2-11b 可知，此点正是由刀具 2 上的基圆和轴 y_{S4} 负方向的交点 $(0 \ -m_2 Z_{S2}\cos\alpha_{S2} \ u_{S4})^{\mathrm{T}}$ 通过矩阵 $\boldsymbol{M}_{40S40}$ 变换而来，因此有下列等式成立

$$r_4(u_{S4},\theta_{S4},\phi_{S4})=M_{40S40}\begin{pmatrix}0\\-\dfrac{m_2 Z_{S2}\cos\alpha_{S2}}{2}\\u_{S4}\\1\end{pmatrix}\tag{2-72}$$

解出 ϕ_{S4}，记为 ϕ_{S4}^{**}，是 ϕ_{S4} 的最大值，解出 u_{S4}^{**} 是 u_{S4} 的最大值。

刀具 2 的轴向参数 u_{S34} 需同时满足内-外切面齿轮啮合要求，取值为

$$\max(u_{S3}^{*},u_{S4}^{*})\leqslant u_{S34}\leqslant\min(u_{S3}^{**},u_{S4}^{**})\tag{2-73}$$

刀具 2 的自转角 ϕ_{S34} 需同时满足内-外切面齿轮啮合要求，取值为

$$\max(\phi_{S3}^{*},\phi_{S4}^{*})\leqslant\phi_{S34}\leqslant\min(\phi_{S3}^{**},\phi_{S4}^{**})\tag{2-74}$$

2.5.5 刀具渐开线展角参数 θ_S 的取值范围

刀具 1 的轴向参数 u_{S12} 和自转角 ϕ_{S12} 同时满足啮合方程 $f_1(u_{S1},\theta_{S1},\phi_{S1})$ 和 $f_2(u_{S2},\theta_{S2},\phi_{S2})$，为求出刀具 1 的渐开线展角参数 θ_{S12} 的取值范围，给出如下公式

$$f_1(u_{S1},\theta_{S1},\phi_{S1})-f_2(u_{S2},\theta_{S2},\phi_{S2})=0\tag{2-75}$$

式（2-75）对应的自变量用 u_{S12}、θ_{S12}、ϕ_{S12} 替换，整理得

$$\theta_{S12}(u_{S12},\phi_{S12})=\arccos\left[\frac{r_{b1}(i_{1S1}\cos\gamma_1+i_{2S2}\cos\gamma_2)}{u_{S12}(i_{1S1}\sin\gamma_1-i_{2S2}\sin\gamma_2)}\right]-(\phi_{S12}+\theta_{10})\tag{2-76}$$

同理，刀具 2 的渐开线展角参数 θ_{S34} 的取值范围为

$$\theta_{S34}(u_{S34},\phi_{S34})=\arccos\left[\frac{r_{b2}(i_{4S4}\cos\gamma_4+i_{3S3}\cos\gamma_3)}{u_{S34}(i_{4S4}\sin\gamma_4-i_{3S3}\sin\gamma_3)}\right]-(\phi_{S34}+\theta_{20})\tag{2-77}$$

刀具 1 的轴向参数 u_{S12} 按固定步长从最小值取至最大值，每取值 1 次，对应的刀具 1 的自转角 ϕ_{S12} 同样按照固定步长从最小值取至最大值。此时，通过式（2-76）能够计算出对应刀具 1 的渐开线展角 θ_{S12} 的数值，将 ϕ_{S12} 每次经过固定步长所对应的数值和对应 θ_{S12} 的解代入 $r_1(u_{S1}(\theta_{S1},\phi_{S1}),\theta_{S1},\phi_{S1})$、$r_2(u_{S2}(\theta_{S2},\phi_{S2}),\theta_{S2},\phi_{S2})$，即可得到内-外切面齿轮齿面点坐标，对于转动侧也是如此。

2.5.6 内-外切面齿轮的压力角 α 计算

章动面齿轮传动是由两对内-外切面齿轮组成，每个齿轮的坐标系分别为 S_1、S_2、S_3、S_4，记 α_1 为固定侧内-外切面齿轮在坐标系 S_1 下的压力角，α_2 为固定侧内-外切面齿轮在坐标系 S_2 下的压力角，α_3 为转动侧内-外切面齿轮在坐标系 S_3 下的压力角，α_4 为转动侧内-外切面齿轮在坐标系 S_4 下的压力角。

坐标系 S_i 中，对于面齿轮 i，共轭接触点处的速度矢量可表示为

$$\boldsymbol{v}_i = \boldsymbol{\omega}_i \times \boldsymbol{r}_i = \begin{pmatrix} 0 \\ 0 \\ \omega_i \end{pmatrix} \times \boldsymbol{r}_i \tag{2-78}$$

不计摩擦力，面齿轮 i 的受力方向与接触点处的法线 $\boldsymbol{n}_i$ 方向相同，其压力角 α_i 可由下列公式计算

$$\alpha_i = \arccos \frac{\boldsymbol{n}_i \cdot \boldsymbol{v}_i}{|\boldsymbol{n}_i||\boldsymbol{v}_i|}, \quad -\frac{\pi}{2} \leqslant \alpha_i \leqslant \frac{\pi}{2} \tag{2-79}$$

当 $i = 1$ 或 2 时，α_i 是 θ_{S12}、ϕ_{S12} 的函数，当 $i = 3$ 或 4 时，α_i 是 θ_{S34}、ϕ_{S34} 的函数，通过计算出的齿面坐标，可计算齿面任一点的压力角大小。

2.6 统一坐标系下齿面方程及齿面建模

2.6.1 统一坐标系下齿面方程及点数据计算

根据统一坐标系的坐标变换矩阵，可得到面齿轮 1、2、3、4 在统一坐标系下的齿面方程为

$$\boldsymbol{r}_1^{(1)}(u_{S1}, \theta_{S1}, \phi_{S1}) = M_{1S1}\boldsymbol{r}_{S1}$$

$$\boldsymbol{r}_2^{(1)}(u_{S2}, \theta_{S2}, \phi_{S2}) = M_{1S2}\boldsymbol{r}_{S2}$$

$$\boldsymbol{r}_3^{(1)}(u_{S3}, \theta_{S3}, \phi_{S3}) = M_{1S3}\boldsymbol{r}_{S3}$$

$$\boldsymbol{r}_4^{(1)}(u_{S4}, \theta_{S4}, \phi_{S4}) = M_{1S4}\boldsymbol{r}_{S4} \tag{2-80}$$

将 ϕ_S 每次所对应的数值和对应 θ_S 的解代入上式，可得到统一坐标系下各齿面点的坐标。

2.6.2 曲面建模与曲面质量分析

MATHEMATICA[71] 只提供基本 CAD 接口格式，较高的线密度会使得生成的曲面阶次较高，易产生褶皱[72]。MATHEMATICA 计算的点坐标取 16 位有效数字，导入 CATIA 软件前数据精度取决于 MATHEMATICA 的取值精度。为研究导入 CATIA 软件时的点精度损失情况，将导入 CATIA 后的点数据再次导出。若齿面有 n 个点，(x_i, y_i, z_i) 表示由 MATHEMATICA 计算得到的第 i 个点坐标，对应导入 CATIA 后的点坐标为 (u_i, v_i, w_i)，其两点距离 D_i 为

$$D_i = \|(x_i, y_i, z_i) - (u_i, v_i, w_i)\| \tag{2-81}$$

根据式（2-81），任取一组齿面上的点数据，样本大小 n 为 958 个，计算得最大距离为 $2.43×10^{-6}$mm，最小距离为 $7.08×10^{-8}$mm，平均距离为 $1.14×10^{-6}$mm，可见 CATIA 对导入的点数据具有精准的控制。

点数据以"点云"形式在 CATIA 中，不能直接设计，须重新拟合。齿形曲面与"点云"数据误差分析如图 2-13 所示。分析表明，约 90% 齿面误差控制在 10^{-5}mm 数量级之内，整体误差控制在 $2×10^{-4}$mm 之内。

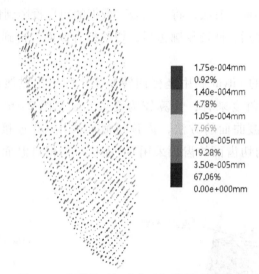

图 2-13　齿形曲面与"点云"数据误差分析

由图 2-14a 可看出齿面在强平行光照射下生成的"斑马线"平滑连续。由图 2-14b

a)　　　　　　　　　　　　　　　　　b)

图 2-14　齿面质量分析

a)"斑马线"平滑连续　b)曲率线条显示变化均匀

可见曲率线条显示变化均匀，表明曲面光顺性较好，质量较高，可见该方法可以满足实际生产需要。

2.6.3 齿面修形、过渡曲面及轮齿结构

实际计算出来的齿面并非全部都能利用，图 2-15 所示为一种充分利用理论齿面的修形方法。首先，采用曲面拟合的方式将导入的"点云"数据生成一个高精度、高质量的拟合曲面；其次，将"点云"数据的边界投影到齿牙的对称平面上，绘制其轮廓边界；最后，回转轮廓边界，切割拟合曲面，得到最终"修剪"后的齿面。

伊利诺伊大学的 Litvin 利用坐标回转变换矩阵给出过渡曲面数学算法[68]，从工程实际应用的角度来看，计算较为复杂。本文图 2-16 所示为利用 CATIA 创建外切面齿轮过渡曲面的方法，齿顶过渡面采用 G0 连接，齿根采用 G1 或 G2 连接，同理，内切齿面的齿顶采用 G0 连接，齿根过渡面边界采用 G1 或 G2 连接。

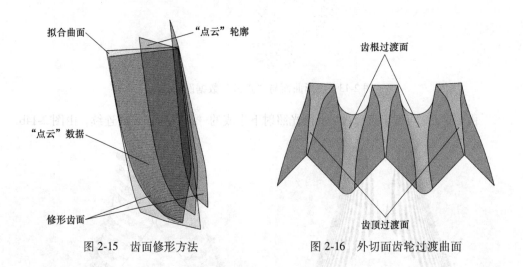

| 图 2-15 齿面修形方法 | 图 2-16 外切面齿轮过渡曲面 |

图 2-17 给出了两种内-外切面齿轮的轮齿结构，图 2-17a 所示是一种开放式结构，其中左侧为外切面齿，右侧为内切面齿，这种结构容易加工，啮合过程中不易产生干涉，缺点是齿圈内侧齿根弯曲强度较低。图 2-17b 所示是一种半开放式结构，其中左侧为外切面齿，右侧为内切面齿，这种结构齿根清角难度大，但增强了齿圈内侧的齿根弯曲强度。

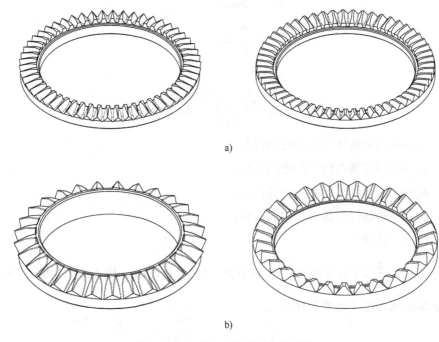

a)

b)

图 2-17　内-外切面齿轮的轮齿结构

a）开放式结构　b）半开放式结构

2.7　齿轮接触分析

齿面啮合区域分析对于研究章动面齿轮传动具有重要意义。本小节将借助一个算例，研究其啮合区域变化规律，并给出齿面啮合应力和齿根弯曲应力的计算方法。

以 $Z_1 = 99$，$Z_2 = 100$，章动角 $\beta = 2°$，刀具齿数 $Z_{S1} = 35$，刀具模数 $m_1 = 1$，刀具压力角 $\alpha_{S1} = 16°$ 作为算例基本参数，当输入轴角度 ϕ_H 由 0 转到 $\dfrac{2\pi}{Z_1}$ 时，分别以几何法和数值法对其进行计算分析。

2.7.1　啮合区域分析——几何法

几何法是利用齿面三维几何数据，根据运动学方程，求解啮合区域的方法。设内-外切面齿轮上的离散点的距离为 D_i，ξ 为容差，认为 $0 \leqslant D_i \leqslant \xi$ 为啮合接触，当输入轴初始位置 $\phi_H = 0$ 时，以 $\Delta\phi_H$ 为步长，各齿轮转过角度可由下列公式计算

$$\phi_1 = -\Delta\phi_H t$$

$$\phi_2 = -\frac{Z_1}{Z_2}\Delta\phi_H t$$

$$\phi_3 = \phi_2$$

$$\phi_4 = \frac{Z_2 Z_4 - Z_1 Z_3}{Z_2 Z_4}\Delta\phi_H t - \phi_1$$

（2-82）

式中　ϕ_1——固定侧外切面齿轮的转角；

　　　ϕ_2——固定侧内切面齿轮的转角；

　　　ϕ_3——转动侧内切面齿轮的转角；

　　　ϕ_4——转动侧外切面齿轮的转角；

　　　t——运行时间。

令 $\Delta\phi_H = \dfrac{\pi}{4Z_1}$，$t$ 取 0 到 8 之间的整数，设 $\xi = 0.0001$，代入式（2-82），得内-外切面齿轮啮合区域如图 2-18 所示。

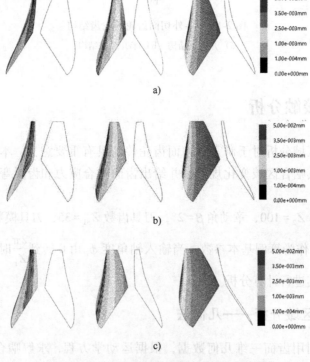

图 2-18　几何法求内-外切面齿轮啮合区域

a) $t=0$, $\phi_H=0$　b) $t=1$, $\phi_H=\dfrac{\pi}{4Z_1}$　c) $t=2$, $\phi_H=\dfrac{\pi}{2Z_1}$

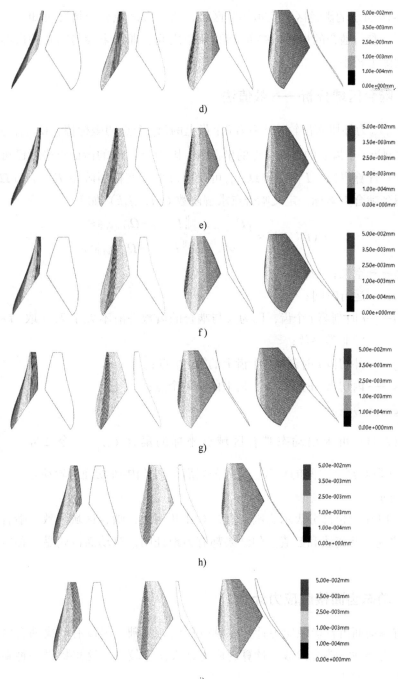

图 2-18　几何法求内-外切面齿轮啮合区域（续）

d) $t=3$, $\phi_H=\dfrac{3\pi}{4Z_1}$　e) $t=4$, $\phi_H=\dfrac{\pi}{Z_1}$　f) $t=5$, $\phi_H=\dfrac{5\pi}{4Z_1}$　g) $t=6$, $\phi_H=\dfrac{3\pi}{2Z_1}$　h) $t=7$, $\phi_H=\dfrac{7\pi}{4Z_1}$　i) $t=8$, $\phi_H=\dfrac{2\pi}{Z_1}$

图 2-18 所示的黑色区域表示接触区域，从啮合区域分布情况可知，在给定参数条件下，参与啮合的齿数始终处于 3~4 个之间。即使未参与啮合的齿面，齿面之间的间隙也较小。

2.7.2 啮合区域分析——数值法

设 $\Gamma_{(t,i,j)}$ 为外切面齿轮 t 时刻第 i 个齿上的第 j 个点的坐标值，$\Omega_{(t,i,k)}$ 为内切面齿轮 t 时刻第 i 个齿上的第 k 个点的坐标值。因为 $t=0$ 时的齿面点坐标已可以通过式（2-80）计算得出，$\Gamma_{(t,i,j)}$ 和 $\Omega_{(t,i,k)}$ 可以通过坐标变换矩阵由 $\Gamma_{(0,i,j)}$ 和 $\Omega_{(0,i,k)}$ 得到。为得到啮合点坐标，定义啮合点求解函数 $U(t,i,j,k)$ 如下

$$U(t,i,j,k)=\begin{cases}\Gamma_{(t,i,j)}, & \|\Gamma_{(t,i,j)}-\Omega_{(t,i,k)}\|\leq\xi \\ \varnothing, & \|\Gamma_{(t,i,j)}-\Omega_{(t,i,k)}\|>\xi\end{cases} \tag{2-83}$$

式中　$\varnothing$——空集；

t——运行时间；

i——t 时刻第 i 个齿，因为参与啮合的齿数一般不大于 7，i 取 -7~7 之间的非零整数；

j——外切齿 t 时刻第 i 个齿上的第 j 个点；

k——内切齿 t 时刻第 i 个齿上的第 k 个点；

ξ——容差。

式（2-83）可求出动态啮合区域点坐标的集合 $U_{(t,i,j)}$。令 $\Delta\phi_H=\dfrac{\pi}{4Z_1}$，$\xi=0.0001$，$t$ 取 0 至 8 之间的整数，代入公式后得到的内-外切面齿轮动态啮合位置如图 2-19 所示。

图 2-19 中深色部分表示为啮合点，对比几何法，啮合区域一致，啮合的齿数在 3~4 之间。几何法和数值法的结果都有力地证明，章动面齿轮是一种空间多齿啮合传动。

2.7.3 动态齿面接触应力计算

现有章动面齿轮接触应力计算以赫兹理论为基础，因没有解决啮合区域的计算问题，需要估算啮合齿数，计算的应力结果误差较大。这里提供一种新的动态啮合应力计算方法。

已知参与啮合的一对齿轮材料的弹性模量分别为 E_1、E_2，材料的许用应力分别为 $[\sigma]_{S1}$、$[\sigma]_{S2}$，估算其最大总应变 ε 为[73]

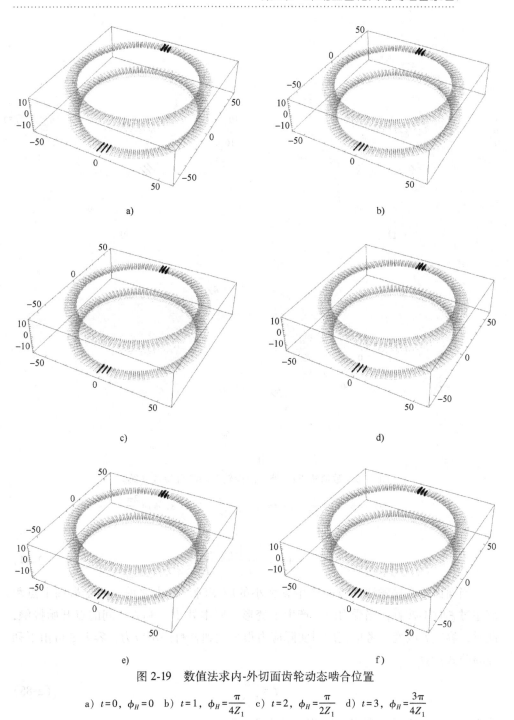

图 2-19　数值法求内-外切面齿轮动态啮合位置

a) $t=0$, $\phi_H=0$　b) $t=1$, $\phi_H=\dfrac{\pi}{4Z_1}$　c) $t=2$, $\phi_H=\dfrac{\pi}{2Z_1}$　d) $t=3$, $\phi_H=\dfrac{3\pi}{4Z_1}$

e) $t=4$, $\phi_H=\dfrac{\pi}{Z_1}$　f) $t=5$, $\phi_H=\dfrac{5\pi}{4Z_1}$

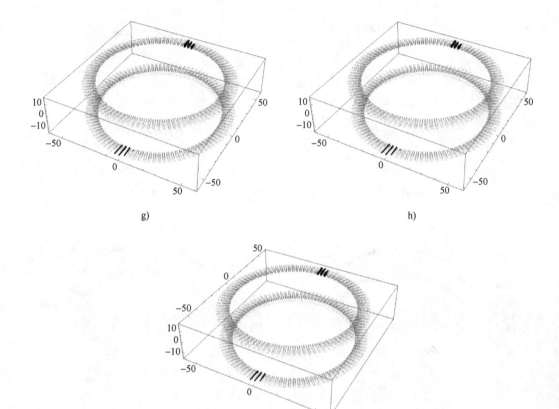

图 2-19　数值法求内-外切面齿轮动态啮合位置（续）

g) $t=6$，$\phi_H=\dfrac{3\pi}{2Z_1}$　h) $t=7$，$\phi_H=\dfrac{7\pi}{4Z_1}$　i) $t=8$，$\phi_H=\dfrac{2\pi}{Z_1}$

$$\varepsilon=\varepsilon_1+\varepsilon_2=\frac{[\sigma]_{S1}}{E_1}+\frac{[\sigma]_{S2}}{E_2} \tag{2-84}$$

当面齿轮在接触法向方向产生 ε 大小的应变时，受力之前，两个齿面上点距离超过 ξ 时不接触，当受力时，产生了变形，原本处于 ε 和 ξ 之间的点开始接触，此时，容差 ξ 改变。考虑使用时实际应力很少达到材料许用应力，容差 ξ 可由下列经验公式计算

$$\xi=\frac{\varepsilon}{K_a S_H} \tag{2-85}$$

式中　S_H——工况系数[74]，一般取值 $1.25\sim2$；

　　　K_a——修形系数，考虑修形对齿面面积损失的影响，一般取值为 $1.05\sim1.5$。

将 ξ 代入公式（2-83），通过计算，得到任意时刻啮合区域的点坐标的集合 $U_{(t,i)}$，i 表示 t 时刻第 i 个参与啮合的齿，通过 MATHEMATICA 编程，能够得到 t 时刻每个参与啮合齿的接触面积 $A_{(t,i)}$。t 时刻啮合区域总面积 $A_{(t)}$ 为

$$A_{(t)} = \sum_{i=1}^{n} A_{(t,i)} \tag{2-86}$$

式中　n——参与啮合的齿数；

　　$A_{(t,i)}$——每个参与啮合齿的接触面积。

设啮合的法向力的大小为 F_n，因齿面曲率半径很大，由材料力学可知，动态接触应力 $\sigma_{(t,H)}$ 的大小可由下式近似计算

$$\sigma_{(t,H)} \approx \frac{F_n}{A_{(t)}} \tag{2-87}$$

2.7.4　动态齿根弯曲应力计算

假设 t 时刻接触区域的接触应力为 $\sigma_{(t,H)}$，参与啮合齿的动态法向啮合力大小 $F_{n(t,i)}$ 可由下式计算

$$F_{n(t,i)} = \sigma_{(t,H)} A_{(t,i)} \tag{2-88}$$

由图 2-20 可知，动态法向啮合力 $F_{n(t,i)}$ 产生了 3 个分力：周向力 $F_{t(t,i)}$、轴向力 $F_{a(t,i)}$ 和径向力 $F_{r(t,i)}$。轴向力 $F_{a(t,i)}$ 产生挤压，径向力 $F_{r(t,i)}$ 的方向为齿长方向，齿根弯曲强度主要受周向力 $F_{t(t,i)}$ 影响。$F_{t(t,i)}$ 的大小可以由下列公式计算

$$F_{t(t,i)} = F_{n(t,i)} \cos\alpha \tag{2-89}$$

式中　α——啮合面齿轮的平均压力角，可由公式（2-79）求解。实际上，啮合点处内-外切面齿轮的压力角大小是相等的，由于采用数值方法计算，计算的结果会有误差，但满足 $\alpha_1 \approx \alpha_2$，$\alpha_3 \approx \alpha_4$。

图 2-21a 所示是外切面齿轮结构图，图 2-21b 所示是内切面齿轮结构图，对于弧长 $\widehat{ab}$ 和 $\widehat{cd}$ 有如下关系

$$\widehat{cd} = \frac{r_{min}}{r_{max}} \widehat{ab} \tag{2-90}$$

$\widehat{ab}$ 对应的弦长为齿宽 t_w，则齿轮的最小宽度 S_{Ft} 可由下列公式计算

$$S_{Ft} = \frac{r_{min}}{r_{max}} t_w \tag{2-91}$$

根据齿根弯曲应力计算公式，可知 t 时刻第 i 个参与啮合齿轮的齿根弯曲应力的大小为

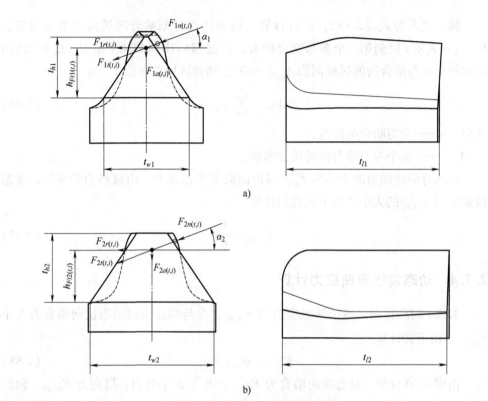

a)

b)

图 2-20　内-外切面齿轮齿受力分析

a）外切面齿轮轮齿受力分析　b）内切面齿轮轮齿受力分析

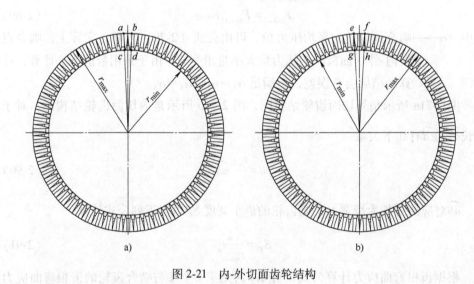

a)　　　　　　　　　　　　　　　　b)

图 2-21　内-外切面齿轮结构

a）外切面齿轮结构　b）内切面齿轮结构

$$\sigma_F \approx \frac{6F_{t(t,i)}h_{Ft(t,i)}r_{max}^2\cos\alpha}{t_l r_{min}^2 t_w^2} \tag{2-92}$$

式中 t_l——齿长；

r_{min}、r_{max}——齿圈的内径和外径；

t_w——齿宽；

$h_{Ft(t,i)}$——啮合点距齿根的高度。

上述公式同样适用于内切面齿轮。

2.8 设计参数的几何影响分析

设计参数的变化影响着章动面齿轮传动装置的几何尺寸、齿形形状、传递效率、重合度系数、承载能力、振动噪声等，影响着传动装置的性能。章动面齿轮传动本身极为复杂，参数较多，各参数之间彼此关联，研究难度较大。设计参数的几何影响对传动装置设计、制造及优化极其重要，也是设计一台性能优异的减速器的必要条件。除此之外，掌握设计参数的影响规律，也能开拓思路，为后续的机构创新提供理论支撑。

2.8.1 章动面齿轮传动基本几何参数

除了图2-8、图2-20所示的几个基本参数之外，图2-22给出章动面齿轮传动设计中比较重要的几何参数，定义如下。

t_{l1}、t_{l2}分别为固定侧外切面齿轮和内切面齿轮的理论齿长，t_{l3}、t_{l4}分别为转动侧内切面齿轮和外切面齿轮的理论齿长。对于啮合的一对内-外切面齿轮，内切齿和外切齿的齿长相等，即$t_{l1}=t_{l2}$，$t_{l3}=t_{l4}$。

t_{w1}、t_{w2}为固定侧外切面齿轮和内切面齿轮的理论齿宽，t_{w3}、t_{w4}分别为转动侧内切面齿轮和外切面齿轮的理论齿宽，在这里取的是面齿轮外侧齿宽。

t_{h1}、t_{h2}分别为固定侧外切面齿轮和内切面齿轮的理论齿高，t_{h3}、t_{h4}分别为转动侧内切面齿轮和外切面齿轮的理论齿高，取的是面齿轮外侧的齿顶高度。对于啮合的一对内-外切面齿轮，内切齿和外切齿的齿高相等，即$t_{h1}=t_{h2}$，$t_{h3}=t_{h4}$。

L_{r1}、L_{r2}分别为固定侧和转动侧的面齿轮齿根到坐标原点的距离，$L=L_{r1}+L_{r2}$。D_1、D_2分别为固定侧和转动侧的面齿轮的最大回转直径。

2.8.2 设计参数的几何影响分析对比

经大量取值、重复计算与对比分析，整理结果得表2-2。该表给出了包括章动

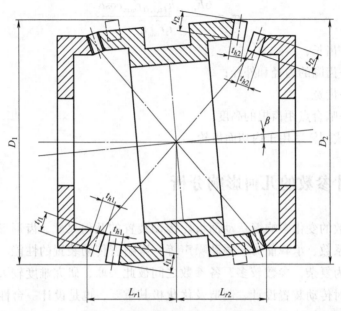

图 2-22　章动面齿轮传动基本几何尺寸

角 β、刀具齿数 Z_{Si}、刀具模数 m_i 等的参数变化对章动面齿轮传动的几何影响。表中，"↗"表示增加，"↘"表示减小，"~"表示影响较小或没有明显规律，"　"表示无影响。ε_1、ε_2 分别为固定侧和转动侧的重合度系数。这里 Z_i 变化时分两种情况进行讨论，一种是齿差不为 0 时的齿差变化影响分析，另一种是齿差恒定情况下 Z_i 变化的影响分析，啮合的内-外切面齿轮齿高和齿长近似相等，而齿宽不同。

表 2-2　设计参数对章动面齿轮传动的几何影响

设计参数		章动角	刀具齿数		刀具模数		刀具压力角		面齿齿数（齿差≠0）				面齿齿数（恒齿差）			
		β	Z_{S1}	Z_{S2}	m_1	m_2	α_{S1}	α_{S2}	Z_1	Z_2	Z_3	Z_4	Z_1	Z_2	Z_3	Z_4
		↗	↗	↗	↗	↗	↗	↗	↗	↗	↗	↗	↗	↗	↗	
传动比	i								↗	↘	↘	↗	~		~	
齿轮 节锥角	β_1	↗							↘	↗						
	β_2	↘							↘	↗						
	β_3	↘									↗	↘				↘
	β_4	↗									↘	↗				↗

（续）

设计参数		章动角	刀具齿数		刀具模数		刀具压力角		面齿齿数（齿差≠0）				面齿齿数（恒齿差）			
		β	Z_{S1}	Z_{S2}	m_1	m_2	α_{S1}	α_{S2}	Z_1	Z_2	Z_3	Z_4	Z_1	Z_2	Z_3	Z_4
		↗	↗	↗	↗	↗	↗	↗	↗	↗	↗	↗	↗			↗
轴间角	γ_1	↗	↗						↗	↘				↘		
	γ_2	↘	↘						↘	↗				↗		
	γ_3	↘		↘							↗	↘			↗	
	γ_4	↗		↗							↘	↗				↘
刀具节锥角	γ_{S1}	↗	↗						↗	↘				↘		
	γ_{S2}	↗		↗							↘					↘
齿高	$t_{h1}\,t_{h2}$	↗	↗				↗		↗	↘				↘		
	$t_{h3}\,t_{h4}$	↗				↗		↗			↘					↘
齿长	$t_{l1}\,t_{l2}$	↘			↗		↘		↗	↗				↗		
	$t_{l3}\,t_{l4}$	↘		↘		↗					↗					↗
齿宽	t_{w1}	~	↘		↗	↗	↗		↘	~				↘		
	t_{w2}	~	↘		↗	↗	↗		~	~				~		
	t_{w3}	~		↘	↗	↗		↘			~	~			↘	
	t_{w4}	~		↘	↗	↗		↗			~	~				~
平均压力角	$\alpha_1\,\alpha_2$	~	↘				↘		↘	↗				↘		
	$\alpha_3\,\alpha_4$	~		↘				↘			↗	↘				↘
重合度系数	ε_1	↘	↗				↗		↘	↗				↗		
	ε_2	↘		↗				↗			↗	↘				↗
齿面接触应力	$\sigma_{H1}\,\sigma_{H2}$	↘	↗			↘		↘	↘	↗				↘		
	$\sigma_{H3}\,\sigma_{H4}$	↘		↗		↘		↘			↘					↘
齿根弯曲应力	σ_{F1}	↘	↗				↗		↘	↗				↘		
	σ_{F2}	↘	↗			↘	↗		↗	↘				↘		
	σ_{F3}	↘		↗		↘		↗			↗				↘	
	σ_{F4}	↘		↗		↘		↗			↗	↘				↘
最大回转直径	D_1	↘	↘		↗		↘		↗	↗				↗		
	D_2	↘		↘		↗		↘			↗	↗				↗
中心偏距	L_{r1}	↘	↘		↗		~		↘	↗				↗		
	L_{r2}	↘		↘		↗		~			↗	↘				↗

2.9　本章小结

　　本章介绍了内-外切面齿轮的成形原理，推导了基本参数的计算公式；建立了内-外切面齿轮成形坐标系，给出了坐标变换矩阵，完成了内-外切面齿轮齿面方程、刀具与内-外切面齿轮啮合方程的推导；根据界限条件求出刀具轴向参数 u_S、自转角 ϕ_S、展角 θ_S 的取值范围，给出内-外切面齿轮平均压力角 α 的计算公式；建立了统一的章动面齿轮传动的坐标系，在统一坐标系下推导了内-外切面齿轮的坐标变换矩阵和齿面方程；采用符号运算方式，利用 MATHEMATICA 软件，生成高精度的章动面齿轮的齿面数据，给出了两种齿面点坐标数据导入 CATIA 软件的方法和齿面修形方法，分析了点坐标数据的导入误差和齿面的建模质量；采用几何法和数值法计算了章动面齿轮传动的重合度系数和啮合区域；给出了一种全新的章动面齿轮轮齿强度瞬时计算方法，实现了齿面接触应力和齿根弯曲强度的实时计算，经过大量重复取值、计算与对比分析，给出了设计参数对章动面齿轮传动的几何影响分析，为后续的样机设计和优化提供了重要的依据。

第3章

章动面齿轮传动的承载能力分析

由于章动面齿轮传动的主要失效形式是齿面的接触疲劳破坏，因此有必要对章动面齿轮传动的齿面接触应力进行分析。通常计算齿轮接触应力的方法有：赫兹接触解析法和有限元数值法，这两种方法已在常见的齿轮传动中得到了成熟的应用。其中，赫兹接触解析法可应用于各种齿形，对于不同齿面形状的齿轮，其表达式有较大的差异。对于外切面齿轮与内切面齿轮的啮合来说，由于其齿面方程的非线性很强，因此难以得到一个通用的计算公式；随着计算机仿真及有限元分析技术的发展，有限元数值法在计算齿轮接触应力方面应用广泛，但是有限元数值法计算结果的精度在很大程度上取决于网格的密度，即稳定性较差，因此在保证计算结果精度的情况下使网格尽可能大，从而提高计算速度，这是一个关键性的问题。本章分别采用上述的两种方法来研究章动面齿轮传动中"面-面"齿轮副的接触应力，并对两种方法的计算结果进行比较[75]。

3.1 章动面齿轮传动的受力分析

3.1.1 主要失效形式及材料选取

章动面齿轮传动中，在保证其结构紧凑且重量轻的同时，还须满足传递大载荷所需的强度，因此在按结构、工作原理和空间啮合原理等要求选择有关参数，确定各面齿轮的几何尺寸时，还要根据传动的主要失效形式，对章动面齿轮传动中各面齿轮的强度进行计算和校核。

章动面齿轮传动的主要失效形式是面齿轮与面齿轮啮合时发生的点蚀，即接触疲劳破坏。通常影响接触疲劳强度的因素有：接触应力、齿面滑动速度、润滑条件及材料的性能等，其中接触应力是影响齿面接触疲劳强度的主要因素，故有必要对面齿轮的接触应力进行分析。此外，行星面齿轮轴承的疲劳破坏也是其主要失效形式，尤其在满载荷连续工作的情况下，须对行星面齿轮内的轴承进行寿命计算。

行星面齿轮与固定面齿轮和转动面齿轮之间"面-面"齿轮副均为点接触且相对滑动，为满足大载荷的工作需求，须选用较高强度的材料并进行适当热处理，以此来提高其工作表面的硬度，可参照表3-1选取传动中各主要零件的材料。

表 3-1　主要零件的材料及其硬度

零件名称	材料	硬度　HBW
输入轴	45，40Cr	220~250
面齿轮	20Cr2Ni4	434（热处理后）
箱体	HT250，ZG230-450	220~250

3.1.2　行星面齿轮受力模型的建立

设章动面齿轮传动的输入转矩为 T_{in}，负载扭矩为 T_{out}，以行星面齿轮为研究对象，由图3-1可知，其力矩平衡方程为

$$T_{in} + \sum F_{t1} \cdot R_1 - \sum F_{t4} \cdot R_4 = 0 \tag{3-1}$$

式中　R_1 和 $\sum F_{t1}$——行星面齿轮在固定面齿轮侧齿轮的节圆半径和所受的切向力；

R_4 和 $\sum F_{t4}$——行星面齿轮在转动面齿轮侧齿轮的节圆半径和所受的切向力。

以转动面齿轮为研究对象，由图3-1可知，其力矩平衡方程为

$$\sum F_{t4} \cdot R_4 - T_{out} = 0 \tag{3-2}$$

根据式（3-1）和式（3-2），整理可得固定面齿轮单齿所受的切向力 F_{t1} 为[76]

$$F_{t1} = \sum F_{t1} \cdot \frac{5}{Z_1} = \frac{T_{out} - T_{in}}{R_1} \cdot \frac{5}{Z_1} \tag{3-3}$$

根据式（3-3），可得固定面齿轮所受的径向力 F_{r1}、轴向力 F_{a1} 和法向力 F_{n1} 分别为

$$F_{r1} = F_{t1} \tan\alpha \cos\beta_1 \tag{3-4}$$

$$F_{a1} = F_{t1} \tan\alpha \sin\beta_1 \tag{3-5}$$

$$F_{n1} = F_{t1} \sqrt{1 + \tan^2\alpha} \tag{3-6}$$

式中　α——节点处的压力角，此处为平均压力角；

β_1——固定面齿轮的节锥角，同理可得行星面齿轮两侧轮齿和转动面齿轮所受的径向力、轴向力和法向力。

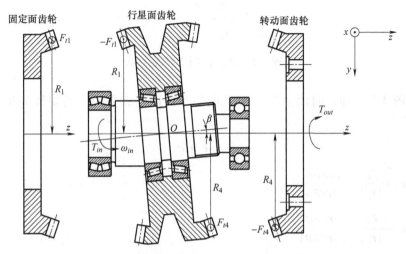

图 3-1　章动面齿轮传动中面齿轮的受力简图

3.2　两面齿轮啮合点处的主曲率

根据赫兹弹性接触理论可知[77]，计算两任意形状曲面接触点的接触应力和变形时，须知道两曲面在接触点处的主曲率。依据外切面齿轮与内切面齿轮的齿面形成原理，应用赫兹接触解析法计算固定面齿轮和转动面齿轮与行星面齿轮啮合时的接触应力时，首先需要计算其啮合点处的主曲率。

3.2.1　曲面的主曲率和主方向

假设有一正则曲面的矢量函数为 $\boldsymbol{r}(u,\theta)$，则曲面的单位法向矢量 $\boldsymbol{n}(u,\theta)$ 为

$$\boldsymbol{n}(u,\theta)=\frac{\dfrac{\partial \boldsymbol{r}}{\partial u}\times\dfrac{\partial \boldsymbol{r}}{\partial \theta}}{\left|\dfrac{\partial \boldsymbol{r}}{\partial u}\times\dfrac{\partial \boldsymbol{r}}{\partial \theta}\right|} \tag{3-7}$$

式中　$\dfrac{\partial \boldsymbol{r}}{\partial u}$ 和 $\dfrac{\partial \boldsymbol{r}}{\partial \theta}$——曲面上两坐标曲线的切线，设其单位切线矢量分别为 $\boldsymbol{e}_u$ 和 $\boldsymbol{e}_\theta$，如图 3-2 所示，其中 μ 和 λ 是矢量 $\boldsymbol{e}_u$ 和 $\boldsymbol{e}_\theta$ 的夹角且是变参数，但是对于曲面上某一点 P，$v=\mu+\lambda$ 是常数。

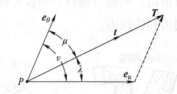

图 3-2　曲面上坐标曲线的切线

由图 3-2 可知，曲面上任一点 P 的切平面内任意方向上的切线矢量 T 可表示为[68]

$$T = a\boldsymbol{e}_u + b\boldsymbol{e}_\theta \tag{3-8}$$

式中　$\boldsymbol{e}_u = \dfrac{\boldsymbol{r}_u}{|\boldsymbol{r}_u|} = \dfrac{\partial \boldsymbol{r}/\partial u}{|\partial \boldsymbol{r}/\partial u|}$；

　　　$\boldsymbol{e}_\theta = \dfrac{\boldsymbol{r}_\theta}{|\boldsymbol{r}_\theta|} = \dfrac{\partial \boldsymbol{r}/\partial \theta}{|\partial \boldsymbol{r}/\partial \theta|}$。

与切线矢量 T 共线的单位矢量 t 可表示为

$$t = \frac{\boldsymbol{e}_u \sin\mu + \boldsymbol{e}_\theta \sin(v-\mu)}{\sin v} \tag{3-9}$$

式中　$t = \dfrac{T}{|T|}$；

　　　$\cos v = \boldsymbol{e}_u \cdot \boldsymbol{e}_\theta$；

　　　$\sin v = |\boldsymbol{e}_u \times \boldsymbol{e}_\theta|$。

根据曲面的第二基本形式，有

$$\text{II} = \mathrm{d}^2 \boldsymbol{r} \cdot \boldsymbol{n} = L\mathrm{d}u^2 + 2M\mathrm{d}u\mathrm{d}\theta + N\mathrm{d}\theta^2 \tag{3-10}$$

式中　$L = \dfrac{\partial^2 \boldsymbol{r}}{\partial u^2} \cdot \boldsymbol{n}$；

　　　$M = \dfrac{\partial^2 \boldsymbol{r}}{\partial u \partial \theta} \cdot \boldsymbol{n}$；

　　　$N = \dfrac{\partial^2 \boldsymbol{r}}{\partial \theta^2} \cdot \boldsymbol{n}$。

由加速度矢量的表达式，可推导出曲面法曲率为

$$K_n = A\sin^2\mu + 2B\sin(v-\mu)\sin\mu + C\sin^2(v-\mu) \tag{3-11}$$

式中　$A = \dfrac{L}{\boldsymbol{r}_u^2 \sin^2 v}$；

$$B = \frac{M}{|\boldsymbol{r}_u||\boldsymbol{r}_\theta|\sin^2 v};$$

$$C = \frac{N}{\boldsymbol{r}_\theta^2 \sin^2 v}\circ$$

将 K_n 对 μ 进行求导的极值方程为

$$\frac{\mathrm{d}K_n}{\mathrm{d}\mu} = 0 \tag{3-12}$$

则将 μ 的两个解 μ_{I} 和 μ_{II} 代入式（3-11），可得到曲面的主曲率。代入式（3-9），可得到曲面两个主方向上的单位矢量。

将式（3-12）整理可得

$$\tan 2\mu = \frac{C\sin 2v - 2B\sin v}{A - 2B\cos v + C\cos 2v} \tag{3-13}$$

则可知 μ 的两个解有如下关系：$\mu_{\mathrm{II}} = \mu_{\mathrm{I}} + \dfrac{\pi}{2}$，即两个主方向是相互垂直的。

3.2.2　两面齿轮齿面的主曲率

根据外切面齿轮的齿面形成[67]，可得固定面齿轮的齿面方程 $\boldsymbol{r}_1(\theta_{\mathrm{S}}, \phi_{\mathrm{S}})$ 为

$$\boldsymbol{r}_1(\theta_{\mathrm{S}}, \phi_{\mathrm{S}}) = \begin{pmatrix} x_1 \\ y_1 \\ z_1 \end{pmatrix} \tag{3-14}$$

式中 　$x_1 = r_{\mathrm{bS}}\left[\sin(\theta_{\mathrm{S0}} + \theta_{\mathrm{S}}) - \theta_{\mathrm{S}}\cos(\theta_{\mathrm{S0}} + \theta_{\mathrm{S}})\right]\left[\cos(q_{1\mathrm{S}}\phi_{\mathrm{S}})\cos\phi_{\mathrm{S}} + \sin(q_{1\mathrm{S}}\phi_{\mathrm{S}})\cos\gamma_{\mathrm{m1}}\sin\phi_{\mathrm{S}}\right] -$

$\qquad r_{\mathrm{bS}}\left[\cos(\theta_{\mathrm{S0}} + \theta_{\mathrm{S}}) + \theta_{\mathrm{S}}\sin(\theta_{\mathrm{S0}} + \theta_{\mathrm{S}})\right]\left[\sin(q_{1\mathrm{S}}\phi_{\mathrm{S}})\cos\gamma_{\mathrm{m1}}\cos\phi_{\mathrm{S}} - \cos(q_{1\mathrm{S}}\phi_{\mathrm{S}})\sin\phi_{\mathrm{S}}\right] -$

$\qquad \dfrac{r_{\mathrm{bS}}(1 - q_{1\mathrm{S}}\cos\gamma_{\mathrm{m1}})\sin(q_{1\mathrm{S}}\phi_{\mathrm{S}})}{q_{1\mathrm{S}}\cos(\phi_{\mathrm{S}} + \theta_{\mathrm{S}} + \theta_{\mathrm{S0}})};$

$\qquad y_1 = r_{\mathrm{bS}}\left[\sin(\theta_{\mathrm{S0}} + \theta_{\mathrm{S}}) - \theta_{\mathrm{S}}\cos(\theta_{\mathrm{S0}} + \theta_{\mathrm{S}})\right]\left[\cos(q_{1\mathrm{S}}\phi_{\mathrm{S}})\cos\gamma_{\mathrm{m1}}\sin\phi_{\mathrm{S}} - \sin(q_{1\mathrm{S}}\phi_{\mathrm{S}})\cos\phi_{\mathrm{S}}\right] -$

$\qquad r_{\mathrm{bS}}\left[\cos(\theta_{\mathrm{S0}} + \theta_{\mathrm{S}}) + \theta_{\mathrm{S}}\sin(\theta_{\mathrm{S0}} + \theta_{\mathrm{S}})\right]\left[\sin(q_{1\mathrm{S}}\phi_{\mathrm{S}})\sin\phi_{\mathrm{S}} + \cos(q_{1\mathrm{S}}\phi_{\mathrm{S}})\cos\gamma_{\mathrm{m1}}\cos\phi_{\mathrm{S}}\right] -$

$\qquad \dfrac{r_{\mathrm{bS}}(1 - q_{1\mathrm{S}}\cos\gamma_{\mathrm{m1}})\cos(q_{1\mathrm{S}}\phi_{\mathrm{S}})}{q_{1\mathrm{S}}\cos(\phi_{\mathrm{S}} + \theta_{\mathrm{S}} + \theta_{\mathrm{S0}})};$

$\qquad z_1 = r_{\mathrm{bS}}\left[\sin(\theta_{\mathrm{S0}} + \theta_{\mathrm{S}}) - \theta_{\mathrm{S}}\cos(\theta_{\mathrm{S0}} + \theta_{\mathrm{S}})\right]\sin\gamma_{\mathrm{m1}}\sin\phi_{\mathrm{S}} -$

$\qquad r_{\mathrm{bS}}\left[\cos(\theta_{\mathrm{S0}} + \theta_{\mathrm{S}}) + \theta_{\mathrm{S}}\sin(\theta_{\mathrm{S0}} + \theta_{\mathrm{S}})\right]\sin\gamma_{\mathrm{m1}}\cos\phi_{\mathrm{S}} + \dfrac{r_{\mathrm{bS}}(1 - q_{1\mathrm{S}}\cos\gamma_{\mathrm{m1}})\cos\gamma_{\mathrm{m1}}}{q_{1\mathrm{S}}\sin\gamma_{\mathrm{m1}}\cos(\phi_{\mathrm{S}} + \theta_{\mathrm{S}} + \theta_{\mathrm{S0}})}\circ$

r_{bS}——假想刀具的基圆半径；

θ_{S}——假想刀具渐开线流动点切线到渐开线起始点切线的角度；

θ_{S0}——假想刀具轮齿对称线到渐开线起始点的角度，可由式（2-33）求解；

ϕ_{S}——假想刀具的瞬时自转角；

q_{1S}——假想刀具与外齿轮的齿数比；

γ_{m1}——分别与外齿轮和假想刀具固联的坐标系中 y 轴之间的角度。

同理，可得固定面齿轮的齿面单位法向矢量 $\boldsymbol{n}_1(\theta_S,\phi_S)$ 为

$$\boldsymbol{n}_1(\theta_S,\phi_S)=\begin{pmatrix}-\cos(q_{1S}\phi_S)\cos\phi_S\cos(\theta_S+\theta_{S0})-\sin(q_{1S}\phi_S)\cos\gamma_{m1}\sin\phi_S\cos(\theta_S+\theta_{S0})+\\\cos(q_{1S}\phi_S)\sin\phi_S\sin(\theta_S+\theta_{S0})-\sin(q_{1S}\phi_S)\cos\gamma_{m1}\cos\phi_S\sin(\theta_S+\theta_{S0})\\\sin(q_{1S}\phi_S)\cos\phi_S\cos(\theta_S+\theta_{S0})-\cos(q_{1S}\phi_S)\cos\gamma_{m1}\sin\phi_S\cos(\theta_S+\theta_{S0})-\\\sin(q_{1S}\phi_S)\sin\phi_S\sin(\theta_S+\theta_{S0})-\cos(q_{1S}\phi_S)\cos\gamma_{m1}\cos\phi_S\sin(\theta_S+\theta_{S0})\\-\sin\gamma_{m1}\sin\phi_S\cos(\theta_S+\theta_{S0})-\sin\gamma_{m1}\cos\phi_S\sin(\theta_S+\theta_{S0})\end{pmatrix}$$

$$(3-15)$$

根据面齿轮的接触轨迹分析，可得到固定面齿轮齿面上的离散啮合点，如图 3-3 所示，图中给出了固定面齿轮接触轨迹上的 11 个离散啮合点。根据式（3-14）和式（3-15），采用上述曲面主曲率的计算方法，即可得到这 11 个离散啮合点的主曲率，具体的计算结果见表 3-2。

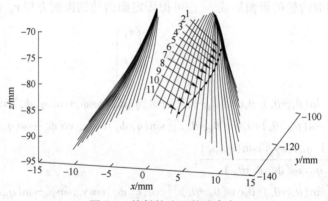

图 3-3　接触轨迹上的啮合点

表 3-2　两面齿轮啮合点主曲率的计算结果

啮合点	刀具展角 θ_S /rad	刀具自转角 ϕ_S /rad	固定面齿轮主曲率 （K_{11}/K_{12}）	行星面齿轮固定面齿轮侧轮齿主曲率（K_{21}/K_{22}）
1	0.4256	-0.1563	-0.010112/0.020454	0.000140/-0.015363
2	0.4256	-0.1251	-0.009230/0.017761	0.000124/-0.014325
3	0.4256	-0.0939	-0.008446/0.015609	0.000110/-0.013398

（续）

啮合点	刀具展角 θ_S /rad	刀具自转角 ϕ_S /rad	固定面齿轮主曲率（K_{11}/K_{12}）	行星面齿轮固定面齿轮侧轮齿主曲率（K_{21}/K_{22}）
4	0.4256	−0.0627	−0.007742/0.013846	0.000099/−0.012563
5	0.4256	−0.0315	−0.007105/0.012372	0.000088/−0.011805
6	0.4256	−0.0002	−0.006523/0.011115	0.000079/−0.011111
7	0.4256	0.0310	−0.005993/0.010035	0.000071/−0.010475
8	0.4256	0.0622	−0.005504/0.009093	0.000064/−0.009889
9	0.4256	0.0934	−0.005053/0.008262	0.000057/−0.009345
10	0.4256	0.1246	−0.004635/0.007524	0.000051/−0.008837
11	0.4256	0.1558	−0.004246/0.006863	0.000046/−0.008363

从表 3-2 中的计算结果可以看出，主曲率可取正值也可取负值，当曲率中心与法向矢量同向，即齿面为凸面时，则主曲率取正值；当曲率中心与法向矢量反向，即齿面为凹面时，则主曲率取负值。表中两面齿轮的主曲率有正也有负，表明其齿面在两个主方向上一个为凸面，另一个为凹面。同样的，可得到转动面齿轮与行星面齿轮转动面齿轮侧轮齿啮合时其啮合点的主曲率。

根据表 3-2 中的主曲率值，可得到主曲率随刀具自转角的变化曲线，如图 3-4 所示。

从图 3-4 中可以看出，同一条接触线上啮合点的主曲率绝对值随着刀具自转角的增大而减小。换言之，曲率半径随着刀具自转角的增大而增大；固定面齿轮 y 方向上主曲率的变化最大，行星面齿轮固定面齿轮侧轮齿在 x 方向上的变化最为平缓。

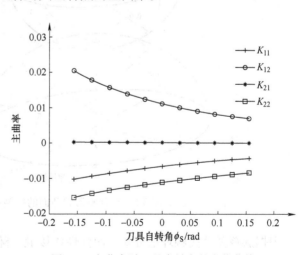

图 3-4　主曲率随刀具自转角的变化曲线

3.3 基于赫兹接触解析法的接触应力计算

根据赫兹弹性接触理论可知，外切面齿轮和内切面齿轮属于弹性接触，且外切面齿轮与内切面齿轮的齿面之间是点接触，因此接触区域为椭圆。若知道两面齿轮接触处的几何尺寸（曲率）、载荷及材料特性，采用赫兹接触解析法即可计算两面齿轮啮合时的接触应力。

3.3.1 两任意形状凸面的赫兹弹性接触理论

假设弹性体 A 和弹性体 B 在 P 点接触，且两者之间只存在法向载荷 W，如图 3-5 所示，则在该载荷的作用下，两弹性体在接触处会发生变形，从而在接触处形成椭圆状的接触区，其中 a 和 b 分别表示该椭圆接触区的长半轴和短半轴。此外，R_{ax} 和 R_{ay} 表示弹性体 A 在 P 点两个主方向上的曲率半径，而 R_{bx} 和 R_{by} 表示弹性体 B 在 P 点两个主方向上的曲率半径。

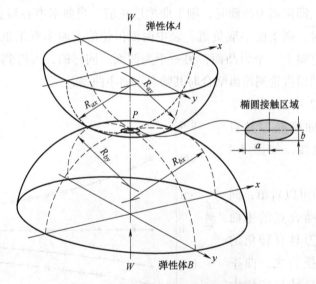

图 3-5　两任意形状凸面的接触示意图

根据赫兹弹性接触理论可知，两弹性体接触时椭圆接触区的长半轴 a 和短半轴 b 可表示为

$$a = \left(\frac{6\bar{k}^2 \bar{\varepsilon} W R'}{\pi E'} \right)^{\frac{1}{3}}$$

$$b = \left(\frac{6\bar{\varepsilon}WR'}{\pi\bar{k}E'} \right)^{\frac{1}{3}}$$ (3-16)

式中　R'——接触点处的等效曲率半径；

　　　E'——接触点处的等效弹性模量；

　　　$\bar{k}$ 和 $\bar{\varepsilon}$——简化的第一椭圆积分和第二椭圆积分。

上述参数的具体计算公式如下

$$\frac{1}{R'} = \frac{1}{R_x} + \frac{1}{R_y} = \frac{1}{R_{ax}} + \frac{1}{R_{bx}} + \frac{1}{R_{ay}} + \frac{1}{R_{by}}$$

$$\frac{1}{E'} = \frac{1}{2}\left(\frac{1-\nu_A^2}{E_A} + \frac{1-\nu_B^2}{E_B} \right)$$ (3-17)

$$\bar{k} = 1.0339\left(\frac{R_y}{R_x} \right)^{0.636}$$

$$\bar{\varepsilon} = 1.0003 + \frac{0.5968R_y}{R_x}$$

式中　ν_A 和 ν_B——弹性体 A 和弹性体 B 的泊松比；

　　　E_A 和 E_B——弹性体 A 和弹性体 B 的弹性模量；

　　　R_x 和 R_y——在 x 和 y 方向上的简化曲率半径，其中 $\frac{1}{R_x} = \frac{1}{R_{ax}} + \frac{1}{R_{bx}}$，$\frac{1}{R_y} = \frac{1}{R_{ay}} +$

$\frac{1}{R_{by}}$，且二者之间须满足 $\frac{1}{R_x} \geqslant \frac{1}{R_y}$，若 $\frac{1}{R_x} < \frac{1}{R_y}$，则需要将 R_x 和 R_y 的

值进行互换。

根据赫兹弹性接触理论可知，两弹性体接触时的最大接触应力 P_{max} 可表示为[77]

$$P_{max} = \frac{3W}{2\pi ab}$$ (3-18)

因此，将式（3-16）和式（3-17）代入式（3-18），即可得到两弹性体接触时的最大接触应力。

3.3.2　面齿轮赫兹接触应力的计算

根据表 3-1 中所列材料，给定材料的基本属性[78]，见表 3-3。根据上述分析，即可得到固定面齿轮与行星面齿轮啮合时齿面接触应力的计算步骤。

1）根据表 3-4 中所列传动的基本参数，以及表 3-5 中所列固定面齿轮和行星

面齿轮在固定面齿轮侧轮齿的界限尺寸值，代入式（3-3）和式（3-6）中，则可求出 F_{n1}，即法向载荷 W 的值。

2）根据表 3-2 中所列离散啮合点的主曲率，以及式（3-16）和式（3-17），可求出 a 和 b 的值。

3）根据步骤 1）和 2）所求的值，代入式（3-18）中，即可求出 P_{max} 的值。

表 3-3 材料的基本属性

材料	密度/(kg/m³)	弹性模量/MPa	泊松比	接触疲劳强度许用值/MPa
20Cr2Ni4A	7800	211000	0.30	3575

表 3-4 传动的基本参数

基 本 参 数	具 体 值
传动比	52
输入功率/kW	38
输入转速/(r/min)	294.84
输入转矩/N·m	1230.84
载荷转矩/N·m	60803.4

根据表 3-4~表 3-6 中的基本参数，结合表 3-1~表 3-3 中的参数值，按照上述的计算步骤，利用 MATLAB 软件[79,80]，可得到固定面齿轮与行星面齿轮啮合时的齿面接触应力，具体的计算结果见表 3-7。

表 3-5 面齿轮的界限尺寸值

面齿轮	u_S^* /mm	ϕ_S^* /rad	u_S^{**} /mm	ϕ_S^{**} /rad
固定面齿轮	200.82	−0.63	250.37	0.29
固定侧行星面齿轮	200.69	−0.64	250.58	0.29
转动侧行星面齿轮	176.41	−0.90	227.92	0.38
转动面齿轮	176.43	−0.89	227.02	0.38

表 3-6 假想刀具的基本参数

刀具	Z_{Si}	m_i/mm	α_{Si}/(°)	γ_{Si}/(°)
假想刀具 1	16	6	25	12.4
假想刀具 2	10	4.5	25	6.6

表 3-7 固定面齿轮侧基于赫兹接触解析法的计算结果

啮合点	长半轴/mm	短半轴/mm	最大接触应力/MPa
1	2.102	1.776	3198.16
2	2.188	1.776	2935.27
3	2.300	1.804	2748.03
4	2.408	1.834	2582.23
5	2.514	1.865	2433.30
6	2.618	1.896	2297.80
7	2.720	1.929	2174.18
8	2.823	1.962	2060.12
9	2.925	1.996	1954.07
10	3.029	2.031	1854.98
11	3.133	2.067	1761.96

同样地，可计算出转动面齿轮与行星面齿轮啮合时的齿面接触应力，计算结果见表 3-8。

表 3-8 转动面齿轮侧基于赫兹接触解析法的计算结果

啮合点	长半轴/mm	短半轴/mm	最大接触应力/MPa
1	2.064	1.492	2850.96
2	2.133	1.519	2655.06
3	2.221	1.555	2490.09
4	2.305	1.592	2344.35
5	2.389	1.628	2211.21
6	2.474	1.665	2088.42
7	2.559	1.702	1974.91
8	2.646	1.739	1869.21

（续）

啮合点	长半轴/mm	短半轴/mm	最大接触应力/MPa
9	2.735	1.777	1770.15
10	2.827	1.815	1676.90
11	2.921	1.854	1588.62

从表 3-7 和表 3-8 中可以看出，固定面齿轮与行星面齿轮以点接触时，其齿面的最大接触应力为 3198.16MPa，转动面齿轮与行星面齿轮以点接触时，其齿面的最大接触应力为 2850.96MPa；此外，固定面齿轮和转动面齿轮齿面的接触应力沿着接触线方向逐渐减小，这与轮齿齿厚逐渐增大相一致。

3.4 基于有限元数值法的接触应力计算

当空间模型和边界条件非常复杂时，利用现有的数学手段很难求出未知函数的积分式，所以求解复杂工程模型的应力和应变成为实际工程中的一个难题。随着计算机技术的飞速发展，有限元法成为解决复杂工程力学问题中的一种有效方法，在工程实际中的应用越来越广泛。常用的商业有限元软件有：ANSYS、ABAQUS、ADINA 和 NASTRAN 等，每个软件都有各自的优势和劣势。面齿轮和面齿轮的啮合传动是一种弹性体的接触，在求解接触应力的过程中存在很强的非线性，表现在面齿轮与面齿轮的接触过程中，接触区的位置和大小会随着时间的变化而变化。有限元软件 ABAQUS 解决非线性接触问题的能力较强，故选用该软件对面齿轮的接触应力进行分析。

3.4.1 ABAQUS 的接触分析

（1）创建部件 ABAQUS 既可以在软件中建立所需要的模型，也可将由其他软件建立好的模型直接导入该软件。这里根据表 3-9 中刀具展角参数 θ_S 和刀具自转角参数 ϕ_S 的取值范围，结合外切面齿轮和内切面齿轮的齿面方程，利用 Pro/E 软件，即可得到固定面齿轮和行星面齿轮固定面齿轮侧轮齿的三维模型，如图 3-6a 和图 3-6b 所示。同理可得到行星面齿轮转动面齿轮侧轮齿和转动面齿轮的三维模型，如图 3-6c 和图 3-6d 所示，从而可构建章动面齿轮副的三维装配模型简图，如图 3-7 所示。由于加工制造的工艺性，建立面齿轮的三维模型时，其单个轮齿的两端及齿顶均进行过修形，这里不作具体介绍。

表 3-9 刀具展角参数 θ_S 和刀具自转角参数 ϕ_S 的取值范围

"面-面"齿轮副	序号	ϕ_S的值/rad	θ_S的取值范围/rad	"面-面"齿轮副	序号	ϕ_S的值/rad	θ_S的取值范围/rad
面齿轮1与面齿轮2	1	−0.620	[0.734915, 0.735184]	面齿轮1与面齿轮2	17	−0.140	[0.254915, 0.733933]
	2	−0.590	[0.704915, 0.735299]		18	−0.110	[0.224915, 0.703933]
	3	−0.560	[0.674915, 0.735404]		19	−0.080	[0.194915, 0.673933]
	4	−0.530	[0.644915, 0.735382]		20	−0.050	[0.164915, 0.643933]
	5	−0.500	[0.614915, 0.735308]		21	−0.020	[0.134915, 0.613933]
	6	−0.470	[0.584915, 0.735346]		22	0.010	[0.104915, 0.583933]
	7	−0.440	[0.554915, 0.735336]		23	0.040	[0.074915, 0.553933]
	8	−0.410	[0.524915, 0.735380]		24	0.070	[0.044915, 0.523933]
	9	−0.380	[0.494915, 0.735325]		25	0.100	[0.014915, 0.493933]
	10	−0.350	[0.464915, 0.735332]		26	0.130	[0.000110, 0.463933]
	11	−0.320	[0.434915, 0.735407]		27	0.160	[0.000043, 0.433933]
	12	−0.290	[0.404915, 0.735379]		28	0.190	[0.000137, 0.403933]
	13	−0.260	[0.374915, 0.735398]		29	0.220	[0.000052, 0.373933]
	14	−0.230	[0.344915, 0.735350]		30	0.250	[0.000014, 0.343933]
	15	−0.200	[0.314915, 0.735379]		31	0.280	[0.000012, 0.313933]
	16	−0.170	[0.284915, 0.735396]				

将三维模型保存为 stp 格式的文件后直接导入 ABAQUS 软件中。由于章动面齿轮传动装置中的面齿轮属于空间曲面类零件，齿形比较复杂。为了便于模型网格的划分、减少网格的总数目以及提高模型的精度，需要处理掉影响模型的沉头孔、螺纹孔、倒角以及一些不必要的特征，即模型在导入之前需要进行简化。

（2）创建材料和截面属性 导入模型后，依次在【Property】功能模块中创建材料、创建截面属性和赋予截面属性，完成整个模型材料属性的定义，其中材料的密度、弹性模量和泊松比见表 3-3。

（3）定义装配件 整个分析模型是一个装配件，进入【Assembly】功能模块后，将前面 Part 功能模块中创建的固定面齿轮与行星面齿轮固定面齿轮侧轮齿、转动面齿轮与行星面齿轮转动面齿轮侧轮齿分别定义为一个装配件。

（4）设置分析步 ABAQUS 中会自动创建一个初始分析步，在其中只可施加边界条件，因此还需要创建分析步 Step-1，用来施加载荷。由于本模型单元网格较多，又属于非线性接触分析，因此计算量较大，为了节省计算时间，在分析步 Step-1 中采取了质量缩放，目标时间增量设置为 1.0×10^{-5}。

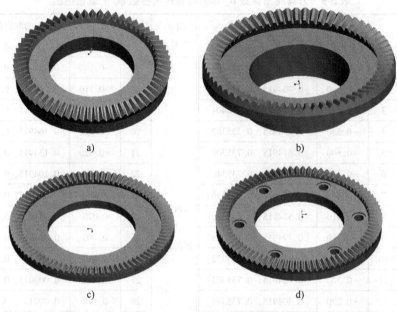

图 3-6　各面齿轮的三维模型

a）固定面齿轮的三维模型　b）行星面齿轮固定面齿轮侧轮齿的三维模型

c）行星面齿轮转动面齿轮侧轮齿的三维模型　d）转动面齿轮的三维模型

（5）定义接触和约束　定义接触时，首先定义接触属性，模拟实际啮合情况，将接触中的切向属性设置为罚函数摩擦公式，其摩擦系数设为0.1，接着定义接触中的法向属性，默认设置为硬接触，如图 3-8 所示。由于面齿轮与面齿轮之间是以面面相接触，而面面接触是包含一个主面和一个从面的接触对，其中主面可以穿透到从面内，但是从面不能穿透到主面内，故定义接触对时，将行星面齿轮两侧轮齿的齿面设置为主面，相应地，把固定面齿轮和转动面齿轮的齿面作为从面。需要注意的是，主面和从面均要求为一个完整的接触面，因此在选择面齿轮的齿面作为主、从面

图 3-7　章动面齿轮副的
三维装配模型简图

时，所选的面应为整个啮合齿面，应该包括轮齿齿面、齿顶面和齿槽面，而不是单指轮齿的齿面，否则后续分析中就会提示出错。定义好主从面后，机械接触方法设置为运动学接触方法，滑移方式选择小滑移，如图 3-9 所示。

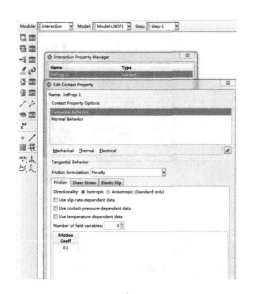

a)   b)

图 3-8　接触属性的定义

a）接触的切向属性　b）接触的法向属性

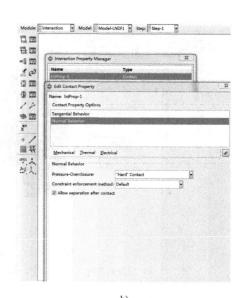

a)   b)

图 3-9　行星面齿轮与固定面齿轮和转动面齿轮啮合时的主从面选择

a）固定面齿轮与行星面齿轮的啮合　b）转动面齿轮与行星面齿轮的啮合

定义约束时，对于固定面齿轮与行星面齿轮的啮合，在行星面齿轮上添加一个连续分布的耦合约束，其中耦合点为 RP-1，如图 3-10a 所示；同样地，对于转动面齿轮与行星面齿轮的啮合，在行星面齿轮上也添加一个连续分布的耦合约束，其中耦合点为 RP-1，如图 3-10b 所示。

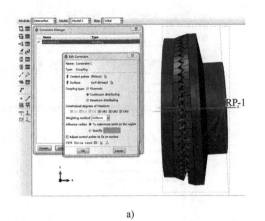 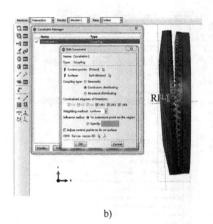

a)   b)

图 3-10   行星面齿轮上的耦合约束

a）固定面齿轮与行星面齿轮的啮合   b）转动面齿轮与行星面齿轮的啮合

（6）施加载荷及定义边界条件   进入【Load】功能模块，对于固定面齿轮与行星面齿轮的啮合，以行星面齿轮为输入对象，分别在点 RP-1 的 x 和 y 方向上施加载荷，其扭矩大小分别为 59490900N·mm 和−3117800N·mm；对于转动面齿轮与行星面齿轮的啮合，同样以行星面齿轮为输入对象，分别在点 RP-1 的 x 和 y 方向上施加载荷，其扭矩大小分别为：60720100N·mm 和−3182200N·mm。在定义边界条件时，将固定面齿轮和转动面齿轮的底面作为固定边界条件，限制 6 个自由度，分别在点 RP-1 约束行星面齿轮除 x 和 y 方向上旋转之外的其他 4 个自由度，用以模拟固定面齿轮和转动面齿轮与行星面齿轮的啮合。

（7）划分网格   在有限元分析中，网格的数目及单元类型直接影响着分析速度及分析结果的准确性和收敛性，因此在划分网格时要注意：①关注部位的网格要尽量密集一些，其他部位的网格可以稀疏一些，必要时要采取分割；②选择单元形状时，六面体单元的精度比四面体单元高，应尽量选择六面体单元；③在三种网格划分技术中，结构化网格和扫掠网格所得单元的精度较高，应尽可能优先选用这两种技术。这里接触应力分析所选择的单元类型是 C3D8R，即 8 节点六面体线性减缩积分单元。划分网格后的模型网格图如图 3-11 和图 3-12 所示，其中固定面齿轮模型共有 402132 个单元，行星面齿轮固定面齿轮侧模型共有 381456 个单元，行星面齿轮转动面齿轮侧模型共有 249100 个单元，转动面齿轮模型共有 241110 个单元，最后检验网格质量，模型均无误[81]。

（8）提交分析作业   所有设置都完成后，就可以创建分析作业，并进行数据检查，检查无误后即可提交分析作业。

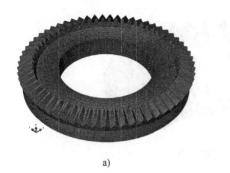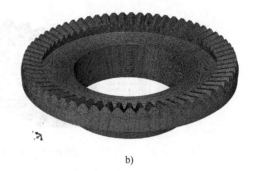

a)   b)

图 3-11   固定面齿轮与行星面齿轮啮合模型网格图

a）固定面齿轮模型网格图   b）行星面齿轮与固定面齿轮啮合轮齿模型网格图

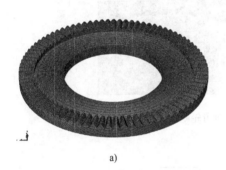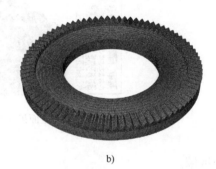

a)   b)

图 3-12   转动面齿轮与行星面齿轮啮合模型网格图

a）行星面齿轮与转动面齿轮啮合轮齿模型网格图   b）转动面齿轮模型网格图

（9）后处理   分析完成后，在【Visualization】功能模块中可查看固定面齿轮与行星面齿轮啮合时的计算结果，如图 3-13 ~ 图 3-15 所示。

同样的，可得到转动面齿轮与行星面齿轮啮合时的计算结果，如图 3-16 ~ 图 3-18 所示。

从图 3-14 中可以看出，在受到冲击载荷的瞬间，固定面齿轮与行星面齿轮接触时，固定面齿轮上分布 10 条受力区，约有 1/5 的轮齿参与啮合，其齿面的最大接触应力为 1178.0MPa，出现在轮齿内侧的齿根区域；从图 3-15 中可以看出，行星面齿轮齿面的最大接触应力为 2848.0MPa，出现在轮齿内侧的齿

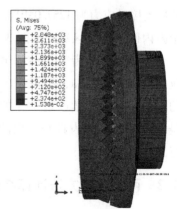

图 3-13   固定面齿轮侧整体模型云图

71

图 3-14　固定面齿轮云图

图 3-15　行星面齿轮与固定面齿轮啮合轮齿的云图

顶区域。

从图 3-17 中可以看出，在受到冲击载荷的瞬间，转动面齿轮与行星面齿轮接触时，转动面齿轮上分布 10 条受力区，约有 1/5 的轮齿参与啮合，其齿面的最大接触应力为 1257.0MPa，出现在轮齿内侧的齿根区域；从图 3-18 中可以看出，行星面齿轮齿面的最大接触应力为 2510.0MPa，出现在轮齿内侧的齿顶区域，后续改进工作的重点就是避免轮齿内侧齿顶和齿根的边缘效应。

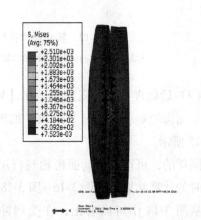

图 3-16　转动面齿轮侧整体模型云图

3.4.2　两种理论方法计算结果的比较

将使用上述两种理论方法得到的接触应力计算结果进行比较，见表 3-10。

图 3-17　转动面齿轮云图

图 3-18　行星面齿轮与转动面齿轮啮合轮齿的云图

表 3-10　两种理论方法的计算结果

方　　法	行星面齿轮与固定面齿轮接触时 轮齿齿面的最大应力值/MPa	行星面齿轮与转动面齿轮接触时 轮齿齿面的最大应力值/MPa
赫兹接触解析法	3198.16	2850.96
有限元数值法	2848.00	2510.00
误差	10.9%	12.0%

　　从表 3-10 中可以看出，有限元数值法的分析结果与赫兹弹性接触理论的计算结果较为接近，这是由于采用赫兹接触解析法计算接触应力时，使用的是实际接触模型，计算时偏差较小，因此利用赫兹弹性接触理论求解接触应力是完全可行的。

　　利用上述两种分析方法，即赫兹接触解析法及有限元数值法，分别利用不同刀具参数获得了传动比为 52 的各组齿轮输入端和输出端的最大接触应力值，不同刀具参数下的章动面齿轮参数见表 3-11，不同刀具参数下输入端及输出端轮齿的最大接触应力见表 3-12。

表 3-11 不同刀具参数下的章动面齿轮参数

组别 n	Z_S	m_S/mm	α_S/(°)	Z_1	Z_2	Z_3	Z_4
1	15	4	20	34	36	54	52
2	15	4	20	50	52	51	50
3	15	4	20	51	53	53	52
4	15	4	20	63	65	85	84
5	20	4	20	34	36	54	52
6	25	4	20	34	36	54	52
7	15	4	25	34	36	54	52
8	15	3	20	34	36	54	52
9	15	2	20	34	36	54	52

表 3-12 不同刀具参数下输入端及输出端轮齿的最大接触应力

组别 n	固定侧轮齿最大接触应力/MPa		转动侧轮齿最大接触应力/MPa	
	赫兹接触解析法	有限元数值法	赫兹接触解析法	有限元数值法
1	1318	1351	997	1056
2	1059	1093	1028	1093
3	1023	1081	1008	1073
4	821	835	786	801
5	1218	1279	998	1023
6	1165	1220	921	996
7	994	1070	924	987
8	1468	1530	1156	1220
9	1915	1980	1489	1560

在表 3-11 及表 3-12 中，n 为章动面齿轮模型组别，Z_S 为圆柱齿轮刀具的齿数，m_S 为圆柱齿轮刀具的模数，α_S 为圆柱齿轮刀具的压力角，Z_1 为固定面齿轮的齿数，Z_2 为固定面轮侧行星面齿轮的齿数，Z_3 为转动面齿轮侧行星面齿轮的齿数，Z_4 为转动面齿轮的齿数。可以得到如下规律：结合第 1、2、3、4 组数据可知，章动面齿轮轮齿接触的最大 MISES 应力随着各轮齿齿数的增加而降低，也就意味着随着各轮齿的齿数的增加，章动面齿轮传动的承载能力将不断增加；结合第 1、5、6 组数据可知，随着加工刀具齿数的增加，章动面齿轮轮齿的承载能力有增强的趋势，

但效果并不显著；结合第 1、7 组数据可知，随着加工刀具压力角的增加，章动面齿轮轮齿的承载能力将显著提高；结合第 1、8、9 组数据可知，随着加工刀具模数的增加，章动面齿轮轮齿的承载能力将大大增强。

3.5　本章小结

本章在分析章动面齿轮传动的啮合原理及基本结构的基础上，分别采用赫兹接触解析法和有限元数值法，对给定基本参数的章动面齿轮传动的接触强度进行分析，并对其分析结果进行比较。结果表明，所构建的受力模型是合理的，赫兹接触解析法可以作为计算章动面齿轮传动齿面接触应力的重要方法之一，并获得了轮齿齿数及刀具参数对其承载能力的影响，这为后续的优化和改进工作提供了宝贵经验。

第**4**章

章动面齿轮轮齿刚度的分析

齿轮轮齿刚度的主要研究对象为单齿刚度、单齿啮合刚度及单齿时变啮合刚度。单齿啮合刚度的意义为只考虑某个齿轮的综合弹性变形,由于章动面齿轮轮齿啮合过程中成对啮合,故研究轮齿的单齿啮合并没有太大意义。单齿时变啮合刚度是齿轮在啮合过程中轮齿刚度的综合表现,具有重要意义。

基于 Buckingham 的观点,将章动面齿轮传动中各面齿轮轮齿齿形看作是由一系列压力角 α 不断变化的齿条所组成,从而获得沿径向及轴向均为变截面的章动面齿轮轮齿的简化齿形,根据此法获得章动面齿轮传动中外切面齿轮及内切面齿轮轮齿的单齿刚度、单齿时变啮合刚度及轮齿综合啮合刚度,并分析了章动面齿轮传动中各面齿轮的模数、压力角及齿宽对齿轮单齿刚度的影响。

4.1 变截面梁方法计算章动面齿轮轮齿刚度

4.1.1 章动面齿轮轮齿的齿形分析及简化

变截面梁计算齿轮轮齿刚度[82]的方法针对的对象是直齿圆柱齿轮与面齿轮啮合传动,参照 Buckingham 提出的观点,面齿轮轮齿的齿形可简化为沿齿长方向的一系列压力角 α 不断变化的齿条所组成。而章动面齿轮传动中的内切面齿轮及外切面齿轮均是由同一圆柱齿轮刀具分别与面齿轮内切及外切获得,其齿形如图 4-1 所示。

根据图 4-1,为了获得章动面齿轮轮齿的刚度,本文对其齿形做了如下简化,如图 4-2 所示。

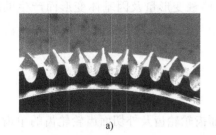 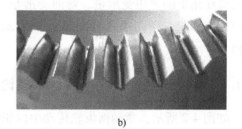

a)   b)

图 4-1 章动面齿轮轮齿的齿形图

a）外切面齿轮轮齿齿形 b）内切面齿轮轮齿齿形

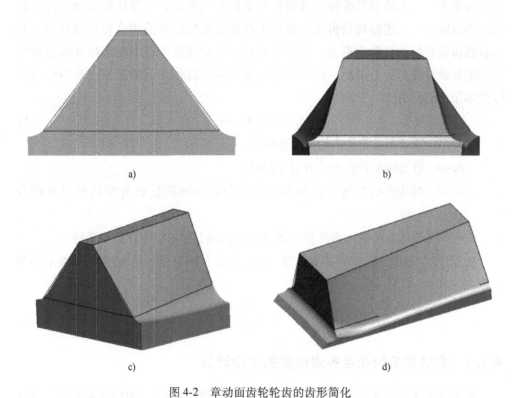

a)   b)

c)   d)

图 4-2 章动面齿轮轮齿的齿形简化

a）外切面齿轮轮齿主视图 b）内切面齿轮轮齿主视图 c）外切面齿轮轮齿三维图

d）内切面齿轮轮齿三维图

图 4-2a、c 分别为章动面齿轮传动中外切面齿轮轮齿的主视图和立体图，图 4-2b、d 分别是内切面齿轮轮齿的主视图和立体图，黑色轮廓是外切面齿轮轮齿与内切面齿轮轮齿的简化齿廓，可获得章动面齿轮传动中外切面齿轮轮齿及内切面齿轮轮齿的变截面悬臂梁模型，从而利用材料力学相关知识求得变截面悬臂梁

在载荷作用下的剪切变形量、弯曲变形量、接触变形量及因基体变形而产生的附加弹性变形量，进而求得章动面齿轮传动中外切面齿轮及内切面齿轮的轮齿刚度值。

4.1.2 章动面齿轮轮齿刚度计算理论

如图 4-2 所示，章动面齿轮传动中内切面齿轮轮齿及外切面齿轮轮齿的单齿刚度求解思想为：将章动面齿轮的轮齿与齿轮整体进行分离，从而将其转化为空间梁。依据载荷作用点的位置，确定其沿齿长方向各梯形截面的变形量，将各变形量进行累加，进而获得其轮齿在载荷作用下的总变形量，最终获得章动面齿轮轮齿的单齿刚度。上述齿轮轮齿变形量即为章动面齿轮轮齿的综合弹性变形量，其中包括齿轮轮齿的弯曲变形量、剪切变形量、接触变形量及由基体弹性倾斜所引起的附加弹性变形量。因此，章动面齿轮轮齿在载荷作用下的接触点处的综合弹性变形量可表示为

$$\delta_f = \delta_1 + \delta_2 + \delta_3 + \delta_4 \tag{4-1}$$

式中　δ_1——章动面齿轮轮齿的弯曲变形量；

　　　δ_2——章动面齿轮轮齿的剪切变形量；

　　　δ_3——两共轭啮合的外切面齿轮轮齿与内切面齿轮轮齿在接触点处的变形量；

　　　δ_4——章动面齿轮轮齿齿根基础弹性倾斜所引起的附加弹性变形量。

根据刚度-柔度变形量的关系可知，齿轮轮齿在接触点处的刚度 k_f 可表示为如下形式

$$k_f = \frac{1}{\delta_f} \tag{4-2}$$

4.1.3 章动面齿轮轮齿各变形量的理论计算

依据 4.1.1 节及 4.1.2 节的分析，将章动面齿轮传动中的内切面齿轮轮齿及外切面齿轮轮齿分成若干微段 i，则沿轮齿齿高方向的每一小段 i 可看成一个悬臂梁，如图 4-3a 所示。每一微段 i 在沿齿长方向的截面可看作是随章动面齿轮轮齿齿高方向变化的梯形截面，如图 4-3b 所示。如此来看，章动面齿轮中内切面齿轮轮齿及外切面齿轮轮齿在载荷作用下的刚度值均可通过求解每一小段 i 的总变形量而间接获得，而小段 i 的总变形量即为其剪切变形量、弯曲变形量、接触变形量及由于基体弹性倾斜而产生的附加弹性变形量的总和，进而可获得其轮齿表面各点的刚度值。

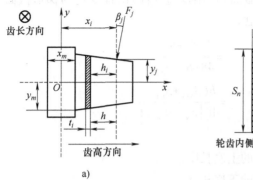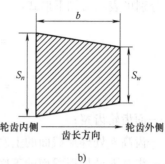

图 4-3 章动面齿轮轮齿简化的计算模型

根据章动面齿轮轮齿齿高任意截面上应力的分布规律，现作如下假设：

1) 横截面上各个点的切应力方向均平行于剪应力的方向。

2) 切应力随着截面的宽度均匀变化。

根据上述假设，单位载荷 F_j 作用下章动面齿轮轮齿的弯曲变形量 δ_{bi} 表示如下

$$\delta_{bi} = \delta_{11} + \delta_{12} \tag{4-3}$$

式中　δ_{11}——单位载荷 F_j 作用下小段 i 的弯矩变形量；

　　　δ_{12}——单位载荷 F_j 作用下小段 i 的横向变形量，其可分别表示为如下形式

$$\delta_{11} = \frac{F_j(h_i\cos\beta_j - y_j\sin\beta_j)}{2E\overline{I_i}}(t_i^2 + 2t_ih_i) \tag{4-4}$$

$$\delta_{12} = \frac{F_j\cos\beta_j}{6E\overline{I_i}}(2t_i^3 + 3t_i^2h_i) \tag{4-5}$$

式中　h_i——小段 i 至载荷作用点在 x 方向的距离；

　　　β_j——载荷作用点与 y 轴的夹角；

　　　y_j——载荷作用点处的半齿厚；

　　　E——材料的弹性模量；

　　　t_i——小段 i 在 x 方向的宽度；

　　　$\overline{I_i}$——小段 i 处截面模量的调和平均值，其表达式为

$$\overline{I_i} = \frac{2I_iI_{i+1}}{I_i + I_{i+1}} \tag{4-6}$$

式中　I_i——小段 i 处的截面模量；

　　　I_{i+1}——小段 $i+1$ 处的截面模量。

由图 4-3a 可知，各小段的截面均是随轮齿齿高位置变化的梯形截面，故上式中 I_i 及 I_{i+1} 分别可表示为如下形式

$$I_i = \frac{b(S_n^4 + S_w^4)}{48|S_n - S_w|} \tag{4-7}$$

$$I_{i+1} = \frac{b(S_{n+1}^4 + S_{w+1}^4)}{48|S_{n+1} - S_{w+1}|} \tag{4-8}$$

式中　b——面齿轮齿宽；

　　　S_n——齿高 h 处梯形截面的上底长度；

　　　S_w——齿高 h 处梯形截面的下底长度；

　　　S_{n+1}——小段 $i+1$ 处沿齿高任意 h 处梯形截面的上底长度；

　　　S_{w+1}——小段 $i+1$ 处沿齿高任意 h 处梯形截面的下底长度。

式（4-7）及（4-8）中，沿齿高任意 h 处其 S_n 及 S_w 可采用图 4-4 所示的模型计算。

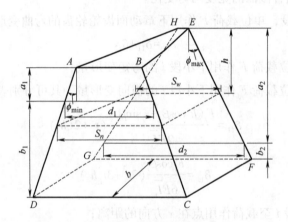

图 4-4　S_n 及 S_w 的计算模型

由图 4-4 结合图中梯形 $ABCD$ 的各参数可知

$$S_n = d_1 + 2(h - a_1)\tan\phi_{min} \tag{4-9}$$

$$S_w = d_2 + 2(h - a_2)\tan\phi_{max} \tag{4-10}$$

式中　ϕ_{min}、ϕ_{max}——面齿轮内半径节线处的压力角；

　　　d_1、d_2——面齿轮内半径节线处的齿厚；

　　　a_1、a_2——面齿轮内半径节线处到面齿轮齿顶的距离。

单位载荷 F_j 作用下小段 i 的剪切变形 δ_{si} 可表示为

$$\delta_{si} = \frac{2.4F_j t_i(1+\nu)\cos\beta_j}{E\overline{A_i}} \tag{4-11}$$

式中　ν——材料的泊松比；

$\overline{A_i}$——两相邻截面面积的调和平均值，可表示为如下形式

$$\overline{A_i} = \frac{2A_i A_{i+1}}{A_i + A_{i+1}} \tag{4-12}$$

由图 4-4 可知，A_i 可表示为如下形式

$$A_i = \frac{b(S_n + S_w)}{2} \tag{4-13}$$

故面齿轮总的弯曲变形量 δ_1 及总的剪切变形量 δ_2 可表示为

$$\delta_1 = \sum_{i=1}^{n} \delta_{bi}\cos\beta_j \tag{4-14}$$

$$\delta_2 = \sum_{i=1}^{n} \delta_{si}\cos\beta_j \tag{4-15}$$

面齿轮的接触变形分析是依据物理表面上的点在接触区域形成类似椭圆的结论，随之通过椭圆积分求得其变形量。面齿轮轮齿的接触变形量 δ_3 可表示如下

$$\delta_3 = \frac{3JF_j(\theta_g + \theta_f)}{8\pi\rho_x} \tag{4-16}$$

式中　J——椭圆积分系数，可通过查阅椭圆积分系数表获得；

ρ_x——接触区域椭圆的长半轴；

θ_g 与 θ_f——图 4-4 中 G、F 处的弹性系数，其值可由下式确定

$$\theta_g = \frac{4(S_g^2 - 1)}{ES_g^2}, \quad \theta_f = \frac{4(S_f^2 - 1)}{ES_f^2} \tag{4-17}$$

式中　S_g——G 处材料的纵向伸长与横向压缩的比值；

S_f——F 处材料的纵向伸长与横向压缩的比值；

E——材料的弹性模量。

面齿轮齿根基础倾斜所引起的附加弹性变形量为 δ_4，则 δ_4 可表示为

$$\delta_4 = \frac{F_j\cos^2\beta_j}{Eb}\left| 5.306\left(\frac{L_f}{H_f}\right)^2 + 2(1-\nu)\left|\frac{L_f}{H_f}\right| + 1.534\left|1 + \frac{0.4167\tan^2\beta_j}{1+\nu}\right| \right| \tag{4-18}$$

式中　L_f——水平方向的位移；

H_f——齿根处的齿厚，可表示为如下关系式

$$L_f = x_j - x_m - y_j\tan\beta_j, \quad H_f = 2y_m \tag{4-19}$$

根据图 4-3a 可知，式（4-19）中参数 x_m 表示基体厚度，y_m 为齿根处的半齿厚，x_j 为载荷作用点至 y 轴的距离，y_j 为载荷作用点处的半齿厚。

4.2 章动面齿轮轮齿的单齿刚度计算

4.2.1 外切面齿轮及内切面齿轮轮齿的刚度计算

本小节的主要内容为确定章动面齿轮传动中的内切面齿轮轮齿及外切面齿轮轮齿上点的坐标值及相关参数，进而计算其轮齿的刚度值。以盾构机为例，其刀盘驱动主减速器的参数要求为[83]：单台减速器传动比约为 52，单台驱动液压马达的输入转速为 291.4r/min，单台驱动液压马达的输入扭矩为 1245N·m，单台液压马达的输入功率为 37.99kW。减速器输出转速为 5.67 r/min，负载扭矩为 63744N·m，减速器输出功率为 37.85kW，计算章动面齿轮传动中各面齿轮轮齿在载荷作用下的变形量，从而得到其轮齿的刚度值，利用 4.1 节中齿轮轮齿简化的方法，本节通过在面齿轮轮齿的不同啮合线上取不同的点，从而对每个点的刚度值分别求解，如图 4-5 所示。

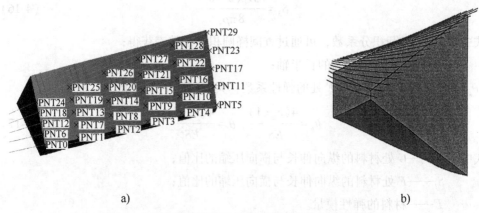

a)   b)

图 4-5 章动面齿轮轮齿上目标点的选取及截面尺寸确定

a）目标点的选取 b）截面尺寸示意

为了计算数据的准确性，本节取轮齿啮合线中间距相等的 5 条啮合线，分别在每条啮合线上取间距相等的 6 个点，点的编号如图 4-5a 所示，可计算章动面齿轮轮齿刚度的各参数值，材料参数见表 4-1，利用 MATLAB 计算获得章动面齿轮传动中各面齿轮轮齿上点的变形量及刚度值，见表 4-2~表 4-5。

表 4-1 材料参数

材料	密度/(kg/m³)	弹性模量 E/MPa	泊松比
GCr15	7850	206000	0.28

表 4-2 固定面齿轮轮齿各点参数值

点编号	坐 标 值	变形量/(10^{-8}m)	刚度/(10^8N/m)
PNT0	(1.60, −129.16, −48.14)	0.3852	2.60
PNT1	(1.39, −133.08, −48.89)	0.3195	3.13
PNT2	(1.20, −137.34, −49.78)	0.2924	3.42
PNT3	(1.07, −141.03, −50.57)	0.2710	3.69
PNT4	(0.95, −144.90, −51.43)	0.2564	3.90
PNT5	(0.84, −148.77, −52.28)	0.2427	4.12
PNT6	(2.06, −129.03, −49.20)	0.3623	2.76
PNT7	(2.01, −132.91, −50.11)	0.3049	3.28
PNT8	(2.00, −136.77, −51.04)	0.2667	3.75
PNT9	(2.01, −140.62, −51.98)	0.2494	4.01
PNT10	(2.04, −144.51, −52.93)	0.2364	4.23
PNT11	(2.08, −148.40, −53.88)	0.2283	4.38
PNT12	(2.51, −128.73, −50.23)	0.3436	2.91
PNT13	(2.63, −132.59, −51.29)	0.2890	3.46
PNT14	(2.77, −136.45, −52.36)	0.2551	3.92
PNT15	(2.93, −140.32, −53.41)	0.2336	4.28
PNT16	(3.11, −144.19, −54.45)	0.2262	4.42
PNT17	(3.30, −148.06, −55.47)	0.2198	4.55
PNT18	(2.96, −128.51, −51.27)	0.3205	3.12
PNT19	(3.23, −132.34, −52.48)	0.2740	3.65
PNT20	(3.53, −136.17, −53.67)	0.2488	4.02
PNT21	(3.84, −140.01, −54.83)	0.2320	4.31
PNT22	(4.17, −143.86, −55.96)	0.2347	4.26

（续）

点编号	坐 标 值	变形量/(10^{-8}m)	刚度/(10^8N/m)
PNT23	(4.50, −147.72, −57.06)	0.2278	4.39
PNT24	(3.39, −128.29, −52.29)	0.3086	3.24
PNT25	(3.82, −132.08, −53.66)	0.2660	3.76
PNT26	(4.27, −135.89, −54.98)	0.2392	4.18
PNT27	(4.74, −139.71, −56.24)	0.2151	4.65
PNT28	(5.22, −143.54, −57.47)	0.1996	5.01
PNT29	(5.69, −147.38, −58.65)	0.1949	5.13

表 4-3　固定侧行星面齿轮上各点参数值

点编号	坐 标 值	变形量/(10^{-8}m)	刚度/(10^8N/m)
PNT0	(1.60, −129.16, −48.14)	0.2433	4.11
PNT1	(1.39, −133.08, −48.89)	0.2433	4.11
PNT2	(1.20, −137.34, −49.78)	0.2427	4.12
PNT3	(1.07, −141.03, −50.57)	0.2427	4.12
PNT4	(0.95, −144.90, −51.43)	0.2427	4.12
PNT5	(0.84, −148.77, −52.28)	0.2421	4.13
PNT6	(2.06, −129.03, −49.20)	0.2062	4.85
PNT7	(2.01, −132.91, −50.11)	0.1992	5.02
PNT8	(2.00, −136.77, −51.04)	0.1919	5.21
PNT9	(2.01, −140.62, −51.98)	0.1859	5.38
PNT10	(2.04, −144.51, −52.93)	0.1799	5.56
PNT11	(2.08, −148.40, −53.88)	0.1748	5.72
PNT12	(2.51, −128.73, −50.23)	0.1639	6.10
PNT13	(2.63, −132.59, −51.29)	0.1600	6.25
PNT14	(2.77, −136.45, −52.36)	0.2227	6.41
PNT15	(2.93, −140.32, −53.41)	0.1560	6.57
PNT16	(3.11, −144.19, −54.45)	0.1486	6.73

（续）

点编号	坐 标 值	变形量/(10^{-8}m)	刚度/(10^8N/m)
PNT17	(3.30, −148.06, −55.47)	0.1451	6.89
PNT18	(2.96, −128.51, −51.27)	0.1387	7.21
PNT19	(3.23, −132.34, −52.48)	0.1359	7.36
PNT20	(3.53, −136.17, −53.67)	0.1326	7.54
PNT21	(3.84, −140.01, −54.83)	0.1297	7.71
PNT22	(4.17, −143.86, −55.96)	0.1267	7.89
PNT23	(4.50, −147.72, −57.06)	0.1248	8.01
PNT24	(3.39, −128.29, −52.29)	0.1206	8.29
PNT25	(3.82, −132.08, −53.66)	0.1179	8.48
PNT26	(4.27, −135.89, −54.98)	0.1157	8.64
PNT27	(4.74, −139.71, −56.24)	0.1135	8.81
PNT28	(5.22, −143.54, −57.47)	0.1110	9.01
PNT29	(5.69, −147.38, −58.65)	0.1086	9.21

表4-4 转动侧行星面齿轮上各点参数值

点编号	坐 标 值	变形量/(10^{-8}m)	刚度/(10^8N/m)
PNT0	(1.34, 189.96, 27.67)	0.2309	4.33
PNT1	(1.40, 185.96, 27.48)	0.2304	4.34
PNT2	(1.48, 181.96, 27.29)	0.2304	4.34
PNT3	(1.57, 177.96, 27.13)	0.2309	4.33
PNT4	(1.68, 173.96, 26.98)	0.2304	4.34
PNT5	(1.82, 169.97, 26.89)	0.2304	4.34
PNT6	(1.70, 189.96, 28.19)	0.1815	5.51
PNT7	(1.71, 185.96, 27.98)	0.1504	6.65
PNT8	(1.75, 181.96, 27.76)	0.1468	6.81
PNT9	(1.79, 177.96, 27.56)	0.1431	6.99
PNT10	(1.86, 173.96, 27.38)	0.1623	6.16

（续）

点编号	坐 标 值	变形量/(10^{-8}m)	刚度/(10^8N/m)
PNT11	(1.96, 169.96, 27.23)	0.1366	7.32
PNT12	(2.40, 189.95, 29.24)	0.1300	7.69
PNT13	(2.34, 185.95, 28.98)	0.1274	7.85
PNT14	(2.28, 181.95, 28.70)	0.1248	8.01
PNT15	(2.25, 177.95, 28.44)	0.1224	8.17
PNT16	(2.23, 173.96, 28.17)	0.1202	8.32
PNT17	(2.23, 169.96, 27.93)	0.1179	8.48
PNT18	(3.10, 189.94, 30.30)	0.1272	7.86
PNT19	(2.96, 185.94, 29.98)	0.1247	8.02
PNT20	(2.82, 181.95, 29.65)	0.1222	8.18
PNT21	(2.70, 177.95, 29.31)	0.1195	8.37
PNT22	(2.59, 173.95, 28.97)	0.1171	8.54
PNT23	(2.51, 169.95, 28.63)	0.1148	8.71
PNT24	(3.81, 189.93, 31.35)	0.1242	8.05
PNT25	(3.58, 185.94, 30.98)	0.1214	8.24
PNT26	(3.36, 181.94, 30.59)	0.1188	8.42
PNT27	(3.15, 177.94, 30.18)	0.1155	8.66
PNT28	(2.96, 173.95, 29.76)	0.1126	8.88
PNT29	(2.79, 169.95, 29.34)	0.1100	9.09

表 4-5 转动面齿轮上各点参数值

点编号	坐 标 值	变形量/(10^{-8}m)	刚度/(10^8N/m)
PNT0	(1.34, 189.96, 27.67)	1.24	0.81
PNT1	(1.40, 185.96, 27.48)	0.7813	1.28
PNT2	(1.48, 181.96, 27.29)	0.6250	1.60
PNT3	(1.57, 177.96, 27.13)	0.5236	1.91

（续）

点编号	坐 标 值	变形量/(10^{-8}m)	刚度/(10^8N/m)
PNT4	(1.68, 173.96, 26.98)	0.4695	2.13
PNT5	(1.82, 169.97, 26.89)	0.4505	2.22
PNT6	(1.70, 189.96, 28.19)	1.0101	0.99
PNT7	(1.71, 185.96, 27.98)	0.6757	1.48
PNT8	(1.75, 181.96, 27.76)	0.5128	1.95
PNT9	(1.79, 177.96, 27.56)	0.4367	2.29
PNT10	(1.86, 173.96, 27.38)	0.3937	2.54
PNT11	(1.96, 169.96, 27.23)	0.3745	2.67
PNT12	(2.40, 189.95, 29.24)	0.8547	1.17
PNT13	(2.34, 185.95, 28.98)	0.6061	1.65
PNT14	(2.28, 181.95, 28.70)	0.4975	2.01
PNT15	(2.25, 177.95, 28.44)	0.4219	2.37
PNT16	(2.23, 173.96, 28.17)	0.3759	2.66
PNT17	(2.23, 169.96, 27.93)	0.3521	2.84
PNT18	(3.10, 189.94, 30.30)	0.7194	1.39
PNT19	(2.96, 185.94, 29.98)	0.5155	1.94
PNT20	(2.82, 181.95, 29.65)	0.4184	2.39
PNT21	(2.70, 177.95, 29.31)	0.3676	2.72
PNT22	(2.59, 173.95, 28.97)	0.3367	2.97
PNT23	(2.51, 169.95, 28.63)	0.3215	3.11
PNT24	(3.81, 189.93, 31.35)	0.6711	1.49
PNT25	(3.58, 185.94, 30.98)	0.5000	2.00
PNT26	(3.36, 181.94, 30.59)	0.4132	2.42
PNT27	(3.15, 177.94, 30.18)	0.3584	2.79
PNT28	(2.96, 173.95, 29.76)	0.3268	3.06
PNT29	(2.79, 169.95, 29.34)	0.3145	3.18

4.2.2　利用有限元法计算章动面齿轮轮齿的刚度

　　利用有限元分析软件 ABAQUS 分别对章动面齿轮传动的七齿模型进行加载接触分析，获得各轮齿对应点的应变值，从而与上节所获得的轮齿上某点的变形量进行对比，进而验证章动面齿轮轮齿刚度计算方法的合理性。

　　以章动面齿轮传动的输入端两面齿轮为例，图 4-6 所示为其七齿模型。

图 4-6　章动面齿轮传动输入端的七齿模型

　　针对上述七齿模型，定义显示动力学分析步，材料参数见表 4-1，选取固定面齿轮与固定侧行星面齿轮的轮齿齿面建立面集合，并以固定面齿轮的轮齿齿面为主面、行星面齿轮的齿面为从面定义接触；在固定面齿轮的轴线上定义一参考点 RP-1，将此参考点与其内齿圈进行绑定，释放其沿着 z 轴转动的自由度，施加转矩 $1245N \cdot m$。同理，在固定侧行星面齿轮的轴线上定义一参考点 RP-2，并将此参考点与其内齿圈进行绑定，同时为此参考点施加固定的边界条件，定义场变量输出为节点位移 U，选取节点集定义为 set-1，节点集中的点包括与表 4-2 中点 PNT1、PNT7、PNT13、PNT19、PNT25 的对应点，输出结果见表 4-6 和表 4-7。

表 4-6　两种方法计算固定面齿轮轮齿上相应点的变形量

点编号	简化梯形截面法/(10^{-8}m)	有限元分析法/(10^{-8}m)
PNT0	0.3852	0.4155
PNT6	0.3623	0.3959
PNT12	0.3436	0.3789
PNT18	0.3205	0.3511
PNT24	0.3086	0.3403

表 4-7 两种方法计算固定侧行星面齿轮轮齿上点的变形量

点编号	简化梯形截面法/(10^{-8} m)	有限元分析法/(10^{-8} m)
PNT0	0.2433	0.2728
PNT6	0.2062	0.2399
PNT12	0.1639	0.1955
PNT18	0.1387	0.1693
PNT24	0.1206	0.1488

为研究简化梯形截面法计算章动面齿轮轮齿刚度的合理性，定义简化梯形截面法的计算结果为 e_1，有限元法的计算结果为 e_2，两种方法所得结果的相对平均偏差 e 为

$$e = \frac{1}{N} \sum_{n=1}^{N} \frac{|e_1 - e_2|}{e_2} \times 100\% \qquad (4\text{-}20)$$

式中 N——抽取样本点的数目，本节中抽取的样本点数目为 5。

结合表 4-6、表 4-7 及式（4-20）得到利用简化梯形截面法与有限元法计算固定面齿轮及固定侧行星面齿轮轮齿刚度的平均偏差分别为 8.82% 和 8.61%，因此可以判定应用简化梯形截面法计算章动面齿轮传动中各面齿轮轮齿刚度是可行的。

4.2.3 轮齿实际刚度值与理论计算刚度值的比较

通过将章动面齿轮传动中内切面齿轮轮齿与外切面齿轮轮齿的实际刚度值与简化梯形截面法计算的轮齿刚度值进行比较，从而验证简化梯形截面法计算章动面齿轮轮齿刚度的准确性及合理性。由图 4-2 可知，章动面齿轮传动中内切轮齿及外切轮齿的齿形边界皆为曲线，采用简化梯形截面法简化轮齿齿形势必会导致其刚度值存在误差，因而有必要分析简化梯形截面法计算轮齿刚度所引入的误差。而随着各章动面齿轮轮齿齿数的增加，其轮齿的齿形也在发生改变：即当轮齿齿数逐渐增多时，章动面齿轮轮齿沿齿高方向的曲边梯形中两腰的曲率逐渐减小。

本节采用有限元分析方法确定内切面齿轮轮齿与外切面齿轮轮齿的实际刚度值，利用简化梯形截面法确定不同齿数下的内切面齿轮轮齿与外切面齿轮轮齿的刚度值，将二者予以比较，从而获得不同齿数下，简化梯形截面法计算章动面齿轮轮齿刚度的误差变化规律。

利用上节确定章动面齿轮单齿刚度误差的方法，分别确定了利用有限元法与

简化梯形截面法计算不同齿数的内切面齿轮及外切面齿轮轮齿刚度值的误差，见表4-8。

表4-8 两种方法计算不同齿数下轮齿刚度值误差

外切齿数	误差（%）	内切齿数	误差（%）
34	10. 11	36	14. 88
50	9. 08	51	12. 15
51	9. 01	52	12. 05
52	8. 99	53	12. 01
63	8. 82	54	10. 98
84	6. 51	65	8. 61
		85	6. 23

图4-7为两种计算方法下获得的外切面齿轮轮齿刚度误差值及内切面齿轮轮齿刚度误差值随齿轮轮齿齿数的变化规律。由图4-7a可知，随着外切面齿轮轮齿齿数的增加，简化梯形截面法与有限元法计算轮齿刚度的误差值逐渐减小；由图4-7b可知，随着内切面齿轮轮齿齿数的增加，简化梯形截面法与有限元法计算轮齿刚度的误差值也逐渐减小。产生上述问题的主要原因为：随着各齿轮轮齿齿数的增加，轮齿沿齿高方向的截面边界曲线的曲率逐渐减小，换言之，随着各面齿轮轮齿齿数的增加，其沿齿高方向的截面更接近于梯形，故刚度误差逐渐降低。

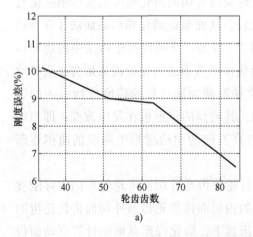
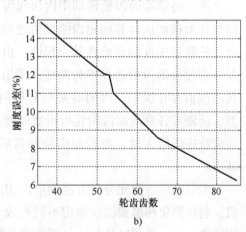

图4-7 轮齿刚度误差随轮齿齿数的变化规律

a）外切面齿轮　b）内切面齿轮

4.3 章动面齿轮轮齿的刚度变化规律

4.3.1 章动面齿轮轮齿刚度沿啮合线方向的变化规律

本小节通过在章动面齿轮传动中的固定面齿轮及固定面齿轮侧行星面齿轮的啮合线上取一定数目的点，利用4.2.2节所获得的各点刚度值，得出其轮齿刚度沿啮合线方向的变化规律。

结合图 4-5 可知，每条啮合线上取 6 个点，每两点间的距离相等，通过MATLAB 软件获得轮齿刚度沿啮合线方向的变化如图 4-8 所示。

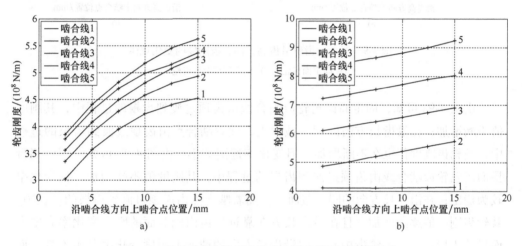

图 4-8 章动面齿轮沿啮合线方向轮齿刚度的变化规律

a）固定面齿轮 b）固定侧行星面齿轮

由图 4-8a 可知，固定面齿轮轮齿刚度在近齿顶处的值较小，接近齿根处较大；且随着啮合点沿着啮合线由内端面过渡到外端面的过程中，其刚度值逐渐增加，刚度的变化率逐渐减小。由图 4-8b 可知，固定侧行星面齿轮的轮齿刚度沿着齿顶到齿根方向逐渐增大，在接近齿顶处，其轮齿刚度值沿啮合线方向基本保持不变，而随着啮合线位置逐渐靠近轮齿齿根，其刚度值呈现增加的趋势，且其刚度的变化率基本保持不变。

4.3.2 章动面齿轮轮齿刚度沿齿高方向的变化规律

沿固定面齿轮及固定侧行星面齿轮的轮齿齿长方向的截面上取点，通过点的刚度值得出两章动面齿轮轮齿刚度沿齿高方向的变化规律，结果如图4-9所示。

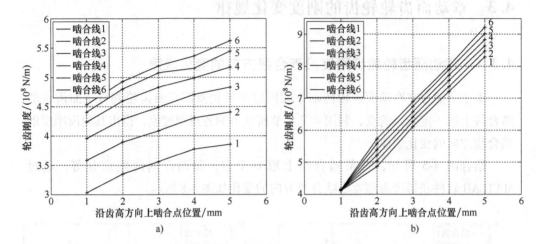

图 4-9　章动面齿轮沿齿高方向轮齿刚度的变化规律

a）固定面齿轮　b）固定侧行星面齿轮

由图4-9a可知，固定面齿轮轮齿啮合线由齿顶过渡到齿根的过程中，其刚度值不断增加；在沿齿长方向的同一截面上，随着啮合点由齿顶过渡到齿根的过程中，其轮齿刚度值也在不断增加，但变化率逐渐减小。由图4-9b可知，固定侧行星面齿轮轮齿啮合线由齿顶过渡到齿根的过程中，其刚度值不断增加，且变化率较为稳定；在沿齿长方向的同一截面上，随着啮合点由齿顶过渡到齿根的过程中，其轮齿刚度值逐渐增加，且在沿齿长方向靠近轮齿内侧截面的刚度变化率先增大而后趋于稳定，位于轮齿中心部位沿齿长方向的截面上刚度变化率基本不变，而在沿齿长方向靠近轮齿外侧的截面上刚度变化率先减小，而后趋于稳定。

4.3.3　章动面齿轮轮齿刚度的影响因素研究

以章动面齿轮传动中输入端两共轭啮合的面齿轮为例，研究影响其轮齿刚度的因素，表4-9列出了加工所用不同刀具的参数。

表 4-9　加工刀具参数

模数 m/mm	齿数 Z	压力角 α/(°)
2、3、4	15	20
4	15、20、25	20
4	15	20、25

　　根据章动面齿轮轮齿刚度的求解方法，分别求出不同刀具参数下章动面齿轮传动中固定面齿轮轮齿某啮合线方向的刚度变化及固定侧行星面齿轮沿同一啮合线的刚度变化曲线，如图 4-10～图 4-12 所示。

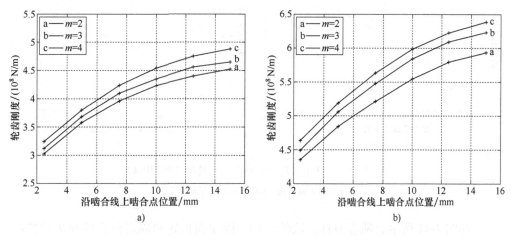

图 4-10　刀具模数对章动面齿轮轮齿刚度的影响

a）固定面齿轮　b）固定侧行星面齿轮

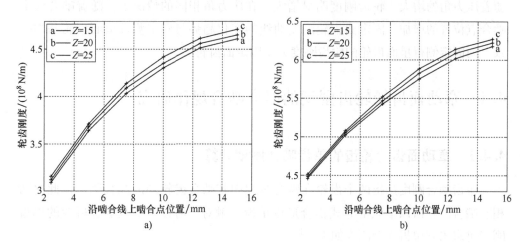

图 4-11　刀具齿数对章动面齿轮轮齿刚度的影响

a）固定面齿轮　b）固定侧行星面齿轮

　　在图 4-10 中可以看出，随着刀具模数的增大，固定面齿轮与固定侧行星面齿轮的啮合轮齿刚度逐渐增大。在相同模数条件下，两啮合齿的刚度值都随啮合线上啮合点位置的增大而增大，但固定侧行星面齿轮的刚度值增大较快。

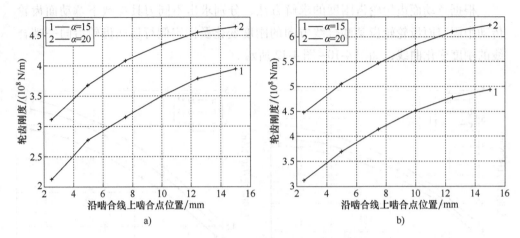

图 4-12　刀具压力角对章动面齿轮轮齿刚度的影响

a）固定面齿轮　b）固定侧行星面齿轮

如图 4-11 所示，随着刀具齿数的增加，固定面齿轮和固定侧行星面齿轮的啮合轮齿刚度略有增加，但刀具齿数的不同对刚度的变化影响不大。

从图 4-12 可以看出，章动面齿轮的轮齿刚度对刀具压力角的变化非常敏感。随着压力角的增大，轮齿刚度明显增大。在压力角相同的情况下，随着啮合线上啮合点位置的增加，固定面齿轮刚度曲线的变化趋势与固定侧行星面齿轮基本一致，而固定侧行星面齿轮的轮齿刚度大于固定面齿轮。

4.4　章动面齿轮轮齿刚度的时变啮合规律研究

4.4.1　章动面齿轮轮齿的单齿啮合刚度计算

单齿啮合刚度是指两个齿轮在啮合过程中其啮合齿轮副的综合刚度，此时两相互啮合的轮齿以串联的方式耦合形成单齿接触对，通过两相互啮合齿轮的单齿刚度可求出其单齿啮合刚度如下[84]

$$K = \frac{K_1 K_2}{K_1 + K_2} \tag{4-21}$$

式中　K——齿轮轮齿的单齿啮合刚度；

K_1——主动轮轮齿的单齿刚度；

K_2——从动轮轮齿的单齿刚度。

由于章动面齿轮轮齿的啮合线为空间曲线，与弧齿锥齿轮轮齿啮合线颇有相似之处，故本节将利用啮合线上的平均刚度来替代啮合线上的实际刚度值，以固定面齿轮与固定侧行星面齿轮的啮合为例来计算齿轮轮齿的单齿啮合刚度。两面齿轮啮合线上的平均刚度值见表 4-10。

表 4-10　固定端章动面齿轮轮齿啮合线上的平均刚度值

啮合线 i	$K_{1i}/(10^8\,\mathrm{N/m})$	啮合线 j	$K_{2j}/(10^8\,\mathrm{N/m})$
1	3.95	1	3.48
2	4.31	2	3.74
3	4.54	3	3.92
4	4.71	4	3.96
5	4.89	5	4.33

在表 4-10 中，K_{1i} 表示固定面齿轮轮齿齿面第 i 条啮合线上的平均刚度值，K_{2j} 表示固定侧行星面齿轮轮齿齿面第 j 条啮合线上的平均刚度值，且所选取的啮合线中，第 i 条啮合线与第 $(6-j)$ 条啮合线在啮合时重合。固定面齿轮与固定侧行星面齿轮的某齿由初始啮合区进入到单双齿交替啮合区之前轮齿的刚度值及其变化情况，如图 4-13 所示。

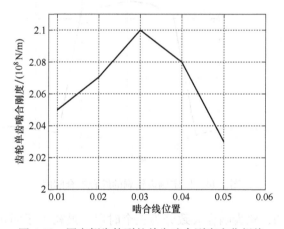

图 4-13　固定侧齿轮副的单齿啮合刚度变化规律

由图 4-13 可知，固定面齿轮某轮齿从初始啮合位置开始至即将进入双齿啮合区的过程中，其单齿啮合刚度值先变大再变小，这是由于初始啮合位置固定面齿轮齿宽较大，承载能力较强，而随着啮合的进行，齿宽逐渐减小，导致齿轮轮齿的变形量增大，从而导致齿轮轮齿的刚度逐渐降低。

4.4.2 章动面齿轮"面-面"齿轮副综合啮合刚度

单齿综合啮合刚度即是齿轮轮齿上的啮合力与齿轮轮齿综合弹性变形量的比值，而综合弹性变形是指齿轮轮齿由最初的进入啮合，经过单齿啮合、双齿啮合、单齿啮合直至最后完全脱离啮合的过程中，轮齿所产生的总的弹性变形。由式（4-21）可知齿轮轮齿的单齿啮合刚度为串联叠加，而双齿啮合时，齿轮轮齿的啮合刚度可等效为并联叠加，其表达式为

$$K_m = \sum_{n=1}^{p} K_n \tag{4-22}$$

式中　p——啮合轮齿对数，本节同样以章动面齿轮传动中固定端两啮合面齿轮为研究对象，计算固定面齿轮某轮齿的单齿综合啮合刚度；

　　　K_n——参与啮合的齿轮轮齿的单齿综合啮合刚度。

结合表4-2及表4-9可得固定面齿轮某轮齿的单齿综合啮合刚度随啮合线位置的变化曲线，如图4-14所示。

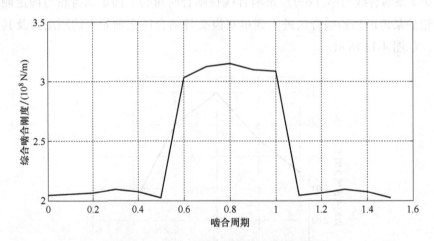

图4-14　固定侧齿轮副的综合啮合刚度

由图4-14可知，轮齿啮合大致分为三个时段，最初由于固定面齿轮某轮齿由初始进入啮合至进入双齿啮合区之前，其轮齿刚度变化较为平缓，第二阶段突变的主要原因为齿轮轮齿由单齿啮合区进入双齿啮合区，由于同时接触的轮齿齿数增多，从而增大了固定面齿轮轮齿抵抗变形的能力，导致轮齿单齿时变啮合刚度发生变化，而后当轮齿脱离双齿啮合区后进入单齿啮合区，接触齿数减少导致抵

抗变形能力降低，从而导致齿轮轮齿刚度降低。

4.5　本章小结

　　本章利用简化梯形截面法求得章动面齿轮传动中各面齿轮轮齿的单齿刚度；利用有限元法获得章动面齿轮对应点的刚度值，并与简化梯形截面法所求得的结果进行对比，验证了简化梯形截面法计算章动面齿轮轮齿刚度的正确性；分析了随着轮齿齿数的变化，简化梯形截面法及有限元法计算章动面齿轮轮齿刚度误差值的变化规律，同时也验证了简化梯形截面法计算章动面齿轮轮齿刚度的可行性；通过求得轮齿齿面上点的刚度值，获得了齿轮轮齿刚度沿啮合线及齿高方向的变化规律；同时也获得了齿轮轮齿的单齿啮合刚度及单齿时变啮合刚度的变化规律。

第**5**章

章动面齿轮减速器的设计方法及应用

本章将从设计理论的角度，结合现代数字化设计制造方法，以试验机设计为例，对章动面齿轮减速器的设计方法展开研究。根据设计任务，考虑齿面动态应力、尺寸、传动比确定样机基本参数，并设计样机；根据样机结构，给出齿面啮合力、齿轮、输入轴及轴承等零件受力计算公式；采用 ABAQUS 和 ADAMS 对样机进行了仿真分析，对比理论计算结果，验证结构合理性和相关理论的正确性。

5.1　受力分析及计算方法

5.1.1　章动面齿轮传动齿面啮合力分析

图 5-1 所示为章动面齿轮传动的齿面切向载荷计算简图，按照输出和输入同向分析。当输入输出以图示方向转动，转动面齿轮受大小为 F_{4t}、垂直纸面内的周向力，与之啮合的行星面齿轮受大小相等方向相反的轴向力 F_{3t}。对于固定侧行星面齿轮，由于力矩平衡，其所受轴向力 F_{2t} 同样垂直齿面向外，与之啮合的固定面齿轮所受轴向力 F_{1t} 方向为垂直齿面向内。

设输入轴扭矩为 T_{in}，转动面齿轮负载扭矩为 T_{out}，对于行星面齿轮，其瞬态力矩平衡方程为

$$T_{in} + \sum_{i=1}^{n} F_{2t(t,i)} R_1 - \sum_{i=1}^{m} F_{3t(t,i)} R_4 = 0 \tag{5-1}$$

式中　$F_{2t(t,i)}$——t 时刻第 i 个啮合齿的周向力；

$\sum_{i=1}^{n} F_{2t(t,i)}$——$t$ 时刻固定侧行星面齿轮周向力合力；

n——固定侧行星面齿轮动态啮合总齿数；

$\sum\limits_{i=1}^{m}F_{3t(t,i)}$——$t$ 时刻转动侧行星面齿轮周向力合力；

m——转动侧行星面齿轮动态啮合总齿数。

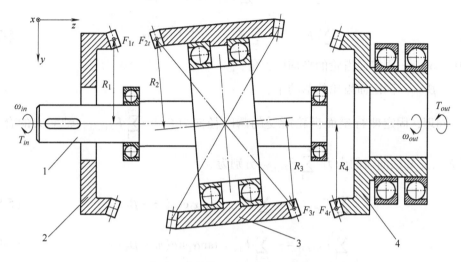

图 5-1　章动面齿轮传动的齿面切向载荷计算简图

1—输入轴　2—固定面齿轮　3—行星面齿轮　4—转动面齿轮

以转动面齿轮为研究对象，其力矩平衡方程为

$$-T_{out}+\sum_{i=1}^{m}F_{4t(t,i)}R_4=0 \tag{5-2}$$

整理得到固定面齿轮所受的瞬时周向力合力为

$$\sum_{i=1}^{n}F_{1t(t,i)}=\frac{T_{out}+T_{in}}{R_1} \tag{5-3}$$

同理，转动面齿轮所受的瞬时周向力合力为

$$\sum_{i=1}^{m}F_{4t(t,i)}=\frac{T_{out}}{R_4} \tag{5-4}$$

对于固定面齿轮，其周向力合力 $\sum\limits_{i=1}^{n}F_{1t(t,i)}$ 是由于接触力产生，接触力和周向力的夹角为其平均压力角 α_1，由 $\sum\limits_{i=1}^{n}F_{1t(t,i)}\tan\alpha_1$ 分解的力方向为垂直固定面齿轮的节锥线向下，因此，固定面齿轮所受的瞬时径向力合力 $\sum\limits_{i=1}^{n}F_{1r(t,i)}$、轴向力合力 $\sum\limits_{i=1}^{n}F_{1a(t,i)}$ 和法向力合力 $\sum\limits_{i=1}^{n}F_{1n(t,i)}$ 分别为

$$\sum_{i=1}^{n} F_{1r(t,i)} = \sum_{i=1}^{n} F_{1t(t,i)} \tan\alpha_1 \cos\beta_1 \tag{5-5}$$

$$\sum_{i=1}^{n} F_{1a(t,i)} = \sum_{i=1}^{n} F_{1t(t,i)} \tan\alpha_1 \sin\beta_1 \tag{5-6}$$

$$\sum_{i=1}^{n} F_{1n(t,i)} = \sum_{i=1}^{n} F_{1t(t,i)} \sqrt{1 + \tan^2\alpha_1} \tag{5-7}$$

式中 α_1——固定面齿轮的平均压力角;

   β_1——固定面齿轮的章动角。

同理,固定侧行星面齿轮所受的瞬时径向力合力 $\sum_{i=1}^{n} F_{2r(t,i)}$、轴向力的合力

$\sum_{i=1}^{n} F_{2a(t,i)}$ 和法向力的合力 $\sum_{i=1}^{n} F_{2n(t,i)}$ 分别为

$$\sum_{i=1}^{n} F_{2r(t,i)} = - \sum_{i=1}^{n} F_{1t(t,i)} \tan\alpha_2 \cos(\pi - \beta_2) \tag{5-8}$$

$$\sum_{i=1}^{n} F_{2a(t,i)} = - \sum_{i=1}^{n} F_{1t(t,i)} \tan\alpha_2 \sin(\pi - \beta_2) \tag{5-9}$$

$$\sum_{i=1}^{n} F_{2n(t,i)} = \sum_{i=1}^{n} F_{1t(t,i)} \sqrt{1 + \tan^2\alpha_2} \tag{5-10}$$

式中 α_2——固定侧行星面齿轮的平均压力角;

   β_2——固定侧行星面齿轮的章动角。

对于转动侧行星面齿轮,结合式(5-4),可经下列公式计算其瞬时径向力合

力 $\sum_{i=1}^{m} F_{3r(t,i)}$、轴向力的合力 $\sum_{i=1}^{m} F_{3a(t,i)}$ 和法向力的合力大小 $\sum_{i=1}^{m} F_{3n(t,i)}$ 如下

$$\sum_{i=1}^{m} F_{3r(t,i)} = \sum_{i=1}^{m} F_{4t(t,i)} \tan\alpha_3 \cos(\pi - \beta_3) \tag{5-11}$$

$$\sum_{i=1}^{m} F_{3a(t,i)} = \sum_{i=1}^{m} F_{4t(t,i)} \tan\alpha_3 \sin(\pi - \beta_3) \tag{5-12}$$

$$\sum_{i=1}^{m} F_{3n(t,i)} = \sum_{i=1}^{m} F_{4t(t,i)} \sqrt{1 + \tan^2\alpha_3} \tag{5-13}$$

式中 α_3——转动侧行星面齿轮的平均压力角;

   β_3——转动侧行星面齿轮的章动角。

对于转动面齿轮,其瞬时径向力合力 $\sum_{i=1}^{m} F_{4r(t,i)}$、轴向力的合力 $\sum_{i=1}^{m} F_{4a(t,i)}$ 和法

向力合力大小 $\sum_{i=1}^{m} F_{4n(t,i)}$ 可由下述公式计算

$$\sum_{i=1}^{m} F_{4r(t,i)} = - \sum_{i=1}^{m} F_{4t(t,i)} \tan\alpha_4 \cos\beta_4 \qquad (5\text{-}14)$$

$$\sum_{i=1}^{m} F_{4a(t,i)} = - \sum_{i=1}^{m} F_{4t(t,i)} \tan\alpha_4 \sin\beta_4 \qquad (5\text{-}15)$$

$$\sum_{i=1}^{m} F_{4n(t,i)} = \sum_{i=1}^{m} F_{4t(t,i)} \sqrt{1 + \tan^2\alpha_4} \qquad (5\text{-}16)$$

式中 α_4——转动面齿轮的平均压力角；

β_4——转动面齿轮的章动角。

5.1.2 行星面齿轮及其轴承的受力分析

行星面齿轮及轴承的受力分析如图 5-2 所示[10]，坐标系 S_P ($O_P x_P y_P z_P$) 固定于行星面齿轮。不考虑转动惯量的影响，其受力情况包括：一是与固定面齿轮的啮合力 $\boldsymbol{F}_2 = (F_{2t} \quad F_{2a} \quad F_{2r})^\mathrm{T}$；二是由于输入轴产生的转矩 $\boldsymbol{T}_P = (0 \quad T_{iny} \quad T_{inz})^\mathrm{T}$，通过轴承作用于行星面齿轮；三是与转动面齿轮的啮合力 $\boldsymbol{F}_3 = (F_{3t} \quad F_{3a} \quad F_{3r})^\mathrm{T}$；四是由轴承产生的作用力 $\boldsymbol{R}_C = (R_{Cx} \quad R_{Cy} \quad R_{Cz})^\mathrm{T}$ 和 $\boldsymbol{R}_D = (R_{Dx} \quad R_{Dy} \quad 0)^\mathrm{T}$，这两个量为未知量。

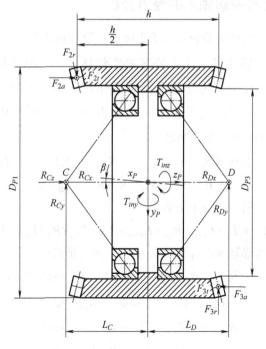

图 5-2 行星面齿轮及轴承的受力分析

考虑重力影响，坐标系 $S_P(O_P x_P y_P z_P)$ 各方向合力为 0，有如下力平衡方程

$$\sum \boldsymbol{F}_P = \boldsymbol{F}_2 + \boldsymbol{F}_3 + \boldsymbol{R}_C + \boldsymbol{R}_D + m_P \boldsymbol{g} = 0 \tag{5-17}$$

重心处的力矩平衡，有如下方程

$$\sum \boldsymbol{M}_{GP} = \boldsymbol{T}_P + \sum (\boldsymbol{L}_2 \times \boldsymbol{F}_2 + \boldsymbol{L}_3 \times \boldsymbol{F}_3) + \boldsymbol{L}_{RC} \times \boldsymbol{R}_C + \boldsymbol{L}_{RD} \times \boldsymbol{R}_D = 0 \tag{5-18}$$

式中　$\boldsymbol{L}_2$——$\boldsymbol{F}_2$ 作用点处的坐标向量；

　　　$\boldsymbol{L}_3$——$\boldsymbol{F}_3$ 作用点处的坐标向量；

　　　$\boldsymbol{L}_{RC}$——$\boldsymbol{C}$ 点处的坐标向量；

　　　$\boldsymbol{L}_{RD}$——$\boldsymbol{D}$ 点处的坐标向量。

$\boldsymbol{T}_P$ 中的分量 T_{iny} 和 T_{inz} 可由如下公式求出

$$T_{iny} = -T_{in} \sin\beta$$
$$T_{inz} = T_{in} \cos\beta \tag{5-19}$$

以上三式中，$\boldsymbol{g} = (0 \quad g\cos\beta \quad -g\sin\beta)^T$ 为重力矢量，g 为重力加速度；$\boldsymbol{L}_{RC} = (0 \quad 0 \quad -L_C)^T$，$\boldsymbol{L}_{RD} = (0 \quad 0 \quad L_D)^T$ 这两个量根据设计需要和轴承情况给出，$\boldsymbol{L}_2$ 和 $\boldsymbol{L}_3$ 分别为接触力合力点的坐标矢量。式（5-17）和式（5-18）中共有 5 个未知量，6 个方程，可以求解。

5.1.3　输入轴及其两端轴承的受力分析

输入轴及其轴承的受力分析如图 5-3 所示，设计重心落于水平轴上，坐标系 S_{in} $(O_{in} x_{in} y_{in} z_{in})$ 固定于输入轴。受力情况主要包括：一是电动机的输入扭矩 $\boldsymbol{T}_{in} = (0 \quad 0 \quad T_{in})^T$；二是行星面齿轮内部轴承的作用力 $\boldsymbol{R}_{Cin} = (R_{Cxin} \quad R_{Cyin} \quad R_{Czin})^T$ 和 $\boldsymbol{R}_{Din} = (R_{Dxin} \quad R_{Dyin} \quad 0)^T$；三是两端轴承力 $\boldsymbol{R}_A = (R_{Ax} \quad R_{Ay} \quad R_{Az})^T$ 和 $\boldsymbol{R}_B = (R_{Bx} \quad R_{By} \quad 0)^T$，这两个力为未知量。

考虑重力影响，坐标系 $S_{in}(O_{in} x_{in} y_{in} z_{in})$ 各方向合力为 0，有如下力平衡方程

$$\sum \boldsymbol{F}_{in} = \boldsymbol{R}_{Cin} + \boldsymbol{R}_{Din} + \boldsymbol{R}_A + \boldsymbol{R}_B + m_{in} \boldsymbol{g} = 0 \tag{5-20}$$

重心处的力矩平衡，有如下方程

$$\sum \boldsymbol{M}_{Gin} = \boldsymbol{T}_{in} + \boldsymbol{L}_{RCin} \times \boldsymbol{R}_{Cin} + \boldsymbol{L}_{RDin} \times \boldsymbol{R}_{Din} + \boldsymbol{L}_{RA} \times \boldsymbol{R}_A + \boldsymbol{L}_{RB} \times \boldsymbol{R}_B = 0 \tag{5-21}$$

式中，行星面齿轮内部轴承的作用力矢量和力臂矢量可由下式计算

$$\boldsymbol{R}_{Cin} = (-R_{Cx} \quad -R_{Cy}\cos\beta - R_{Cz}\sin\beta \quad -R_{Cy}\sin\beta - R_{Cz}\cos\beta)^T$$
$$\boldsymbol{L}_{RCin} = (0 \quad L_{Cin}\sin\beta \quad -L_{Cin}\cos\beta)^T$$
$$\boldsymbol{R}_{Din} = (-R_{Dx} \quad -R_{Dy}\cos\beta \quad -R_{Dy}\sin\beta)^T$$
$$\boldsymbol{L}_{RDin} = (0 \quad -L_{Din}\sin\beta \quad L_{Din}\cos\beta)^T \tag{5-22}$$

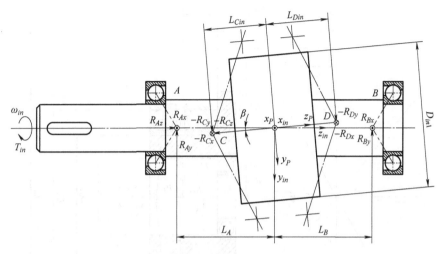

图 5-3　输入轴及其轴承的受力分析

L_{Cin} 和 L_{Din} 为质心处两个内嵌轴承的距离，需要满足如下关系式

$$L_{Cin}+L_{Din}=L_C+L_D \qquad (5\text{-}23)$$

以上四式中，$\boldsymbol{g}=(0 \quad g \quad 0)^T$ 为重力矢量，g 为重力加速度；$\boldsymbol{L}_{RA}=(0 \quad 0 \quad -L_A)^T$，$\boldsymbol{L}_{RB}=(0 \quad 0 \quad L_B)^T$ 这两个量根据设计需要和轴承情况给出。式（5-20）和式（5-21）中共有 5 个未知量，6 个方程，可以求解。

5.1.4　转动面齿轮及其轴承的受力分析

转动面齿轮及其轴承的受力分析如图 5-4 所示，坐标系 $S_o(O_o x_o y_o z_o)$ 固定于转动面齿轮上。受力情况包括：一是输出负载扭矩 $\boldsymbol{T}_{out}=(0 \quad 0 \quad -T_{out})^T$；二是行星面齿轮啮合力 $\boldsymbol{F}_4=(F_{4t} \quad F_{4a} \quad F_{4r})^T$；三是内部轴承作用力 $-\boldsymbol{R}_B=(-R_{Bx} \quad -R_{By} \quad 0)^T$；四是外侧轴承力 $\boldsymbol{R}_E=(R_{Ex} \quad R_{Ey} \quad R_{Ez})^T$ 和 $\boldsymbol{R}_F=(R_{Fx} \quad R_{Fy} \quad 0)^T$，这两个力为未知量。

考虑自身重力影响，坐标系 $S_o(O_o x_o y_o z_o)$ 各方向合力为 0，有如下力平衡方程

$$\sum \boldsymbol{F}_o=\boldsymbol{F}_4-\boldsymbol{R}_B+\boldsymbol{R}_E+\boldsymbol{R}_F+m_o \boldsymbol{g}=0 \qquad (5\text{-}24)$$

对 $S_o(O_o x_o y_o z_o)$ 原点取矩，有下列方程

$$\sum \boldsymbol{M}_o=\boldsymbol{T}_{out}+\boldsymbol{L}_4\times\boldsymbol{F}_4+\boldsymbol{L}_{RBo}\times(-\boldsymbol{R}_B)+\boldsymbol{L}_{RE}\times\boldsymbol{R}_E+\boldsymbol{L}_{RF}\times\boldsymbol{R}_F+\boldsymbol{L}_{go}\times m_o \boldsymbol{g}=0 \qquad (5\text{-}25)$$

式中，$\boldsymbol{g}=(0 \quad g \quad 0)^T$ 为重力矢量，g 为重力加速度；$\boldsymbol{L}_4$ 为啮合点的矢量；$\boldsymbol{L}_{RBo}=(0 \quad 0 \quad L_{Bo})^T$，$\boldsymbol{L}_{RE}=(0 \quad 0 \quad L_E)^T$，$\boldsymbol{L}_{RF}=(0 \quad 0 \quad L_F)^T$，$\boldsymbol{L}_{go}=(0 \quad 0 \quad L_{go})^T$。式（5-24）和式（5-25）中共有 5 个未知量，6 个方程，可以求解。

103

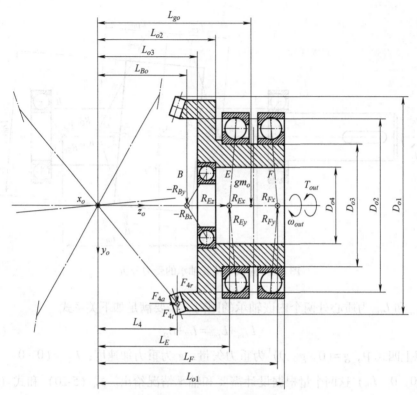

图 5-4　转动面齿轮及其轴承的受力分析

5.1.5　固定面齿轮及固定件的受力分析

固定面齿轮及固定件的受力分析如图 5-5 所示，坐标系 $S_f(O_f x_f y_f z_f)$ 固定于固定面齿轮。受力情况包括：一是内部轴承力 $-\boldsymbol{R}_A = (-R_{Ax} \quad -R_{Ay} \quad -R_{Az})^{\mathrm{T}}$；二是行星面齿轮啮合力 $\boldsymbol{F}_1 = (F_{1t} \quad R_{1a} \quad R_{1r})^{\mathrm{T}}$；三是固定件作用力 $\boldsymbol{R}_G = (R_{Gx} \quad R_{Gy} \quad R_{Gz})^{\mathrm{T}}$ 和力矩 $\boldsymbol{M}_f = (M_{fx} \quad M_{fy} \quad M_{fz})^{\mathrm{T}}$。

考虑自身重力影响，坐标系 $S_f(O_f x_f y_f z_f)$ 各方向合力为 0，有如下力平衡方程

$$\sum \boldsymbol{F}_f = \boldsymbol{F}_1 - \boldsymbol{R}_A + \boldsymbol{R}_G + m_f \boldsymbol{g} = 0 \tag{5-26}$$

对坐标系 $S_f(O_f x_f y_f z_f)$ 中的 G 点取矩，有如下方程

$$\sum \boldsymbol{M}_{Gf} = \boldsymbol{M}_f + (\boldsymbol{L}_1 - \boldsymbol{L}_{RG}) \times \boldsymbol{F}_1 - (\boldsymbol{L}_{RAf} - \boldsymbol{L}_{RG}) \times \boldsymbol{R}_A + (\boldsymbol{L}_{gf} - \boldsymbol{L}_{RG}) \times m_f \boldsymbol{g} = 0 \tag{5-27}$$

式中，$\boldsymbol{L}_1$ 为啮合点矢量，其余力臂可由如下公式计算

$$\boldsymbol{L}_{RG} = (0 \quad 0 \quad -L_{RG})^{\mathrm{T}}$$

$$\boldsymbol{L}_{RAf} = (0 \quad 0 \quad -L_{Af})^{\mathrm{T}}$$

104

$$L_{gf} = (0 \quad 0 \quad -L_{gf})^T \tag{5-28}$$

式中，$\boldsymbol{g} = \{0 \quad g \quad 0\}^T$为重力矢量，$g$为重力加速度。式（5-26）和式（5-27）中共有6个未知量，6个方程，可以求解。

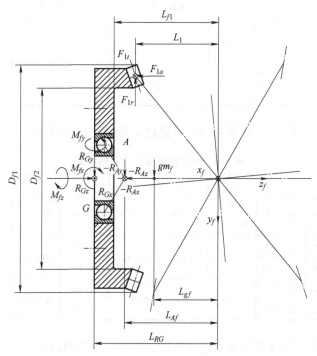

图 5-5   固定面齿轮及固定件的受力分析

5.2   减速器试验机的设计

5.2.1   性能要求及参数选配

章动面齿轮减速器试验机的设计传动比为64，输出额定扭矩为2000N·m，动力电动机的额定功率为6kW，转速为1500r/min，具体的性能要求见表5-1。

表 5-1   减速器试验机的性能要求

电动机功率/kW	电动机转速/(r/min)	传动比	额定扭矩/N·m	级数
6	1500	64	2000	1

根据试验机性能要求，代入计算程序，参考表2-2，考虑外形尺寸及齿面、齿

根的强度需要，齿配选择如下：$Z_1 = 63$，$Z_2 = 65$，$Z_3 = 65$，$Z_4 = 65$。其他的基本参数见表 5-2。

表 5-2　减速器试验机的基本参数

章动角 $\beta/(°)$	齿数 Z_i	刀具齿数 Z_{Si}	刀具模数 m_i	刀具压力角 $\alpha_i/(°)$
2.5	63	18	2.5	20
	65			
	65	22	2.5	19
	64			

根据表 5-1、表 5-2，计算得到减速器试验机的几何参数见表 5-3。

表 5-3　减速器试验机的几何参数

平均压力角 $\alpha_i/(°)$	节锥角 $\beta_i/(°)$	轴间角 $\gamma_i/(°)$	刀具节锥角 $\gamma_{Si}/(°)$	齿高 t_{hi}/mm	齿长 t_{li}/mm	齿宽 t_{wi}/mm	直径 D_i/mm	偏距 L_{ri}/mm	长度 L/mm
28.385	53.144	66.360	13.216	2.635	29.006	7.204	208.703	71.771	104.982
28.306	124.356	111.140				9.660			
27.669	108.308	89.565	18.743	3.139	21.882	10.563	201.265	33.211	
27.771	69.192	87.935				6.789			

根据以上数据生成章动面齿轮减速器的齿面点数据如图 5-6 所示。

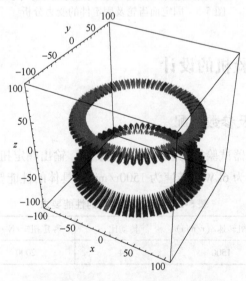

图 5-6　章动面齿轮减速器的齿面点数据

5.2.2　动态齿面接触应力计算

齿轮材料选择 42CrMo，弹性模量为 212000MPa，下屈服强度为 930MPa，泊松比为 0.28。安全系数 S_H 取为 1.3，齿面修形参数为 $K_a = 1.3$。设输入轴转速 $\omega_{in} = 1.43(°)/s$，运行时间为 25s，依据式（2-87）计算得齿面动态接触应力如图 5-7 所示。

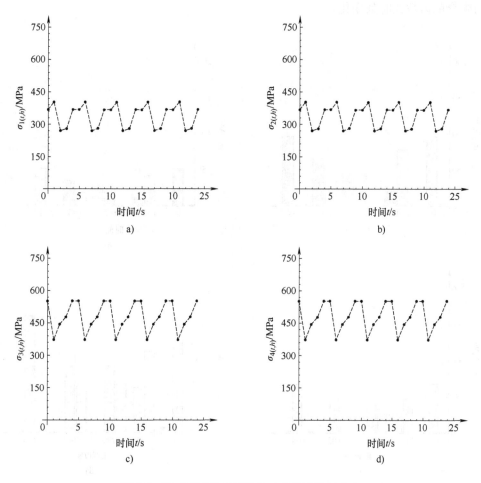

图 5-7　章动面齿轮减速器的动态齿面接触应力

a）固定面齿轮　b）固定侧行星面齿轮　c）转动侧行星面齿轮　d）转动面齿轮

图 5-7 所示为四个参与啮合齿面的动态接触应力的理论计算结果，可以看出固定侧齿面接触应力最大值约为 433MPa，平均值约为 345MPa；转动侧齿面接触应力

最大值约为 579MPa，平均值约为 502MPa。计算结果表明，四个齿面接触应力均低于材料的下屈服强度之内，参数选择初步符合工况要求。

5.2.3 动态齿根弯曲应力计算

根据式（2-92），设置运行时间为 4s，该减速器在表 5-1 的工况下，理论计算得到四个齿的齿根弯曲应力如图 5-8 所示。不同时间柱状图的数量不同，表明了参与啮合的齿数在时刻变化。

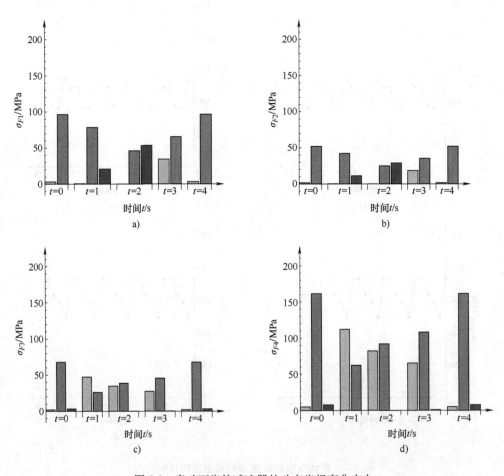

图 5-8　章动面齿轮减速器的动态齿根弯曲应力
a）固定面齿轮　b）固定侧行星面齿轮　c）转动侧行星面齿轮　d）转动面齿轮

以固定面齿轮为例，如图 5-8a 所示，$t = 0$s 时，有两个轮齿参与啮合，齿根弯曲应力分别为 2.7MPa、94.2MPa；$t = 1$s 时，共有三个轮齿参与啮合，齿根弯曲应力分别为 0.4MPa、81.8MPa 和 14.8MPa。可见，章动面齿轮在啮合过程中的重合度系数是实时变化的。在该减速器中，齿根弯曲应力最大值发生在 $t=0$s 时刻的转动面齿轮，此时齿根弯曲应力达到了 162.8MPa。

5.3 核心部件计算与优化

5.3.1 轴承力校核计算

根据设计的减速器结构、工况条件及 5.1 节的理论计算公式，计算得到减速器全部轴承及关键位置的受力情况（见表 5-4）。该结果不仅可以用来校核减速器上的轴承，计算轴承寿命，也可以用来作为有限元分析的初始边界条件。

表 5-4 减速器样机轴承受力

分量	R_C/N	R_D/N	R_A/N	R_B/N	R_E/N	R_F/N	R_G/N	$M_f/N \cdot m$	F_{1n}/N	F_{4n}/N
x	-23582	-23104	-20330	-26356	22271	-25548	-2749	-481	-23607	-23080
y	23693	-20859	21547	-18327	-53638	39829	-25005	148	7651	-4318
z	504	500	643	513	-7169	-4078	11346	2031	-10207	11361

5.3.2 输入轴强度计算

轴材料为 40Cr 钢，密度为 7870kg/m³，泊松比为 0.277，弹性模量为 211000MPa。应用前处理 ANSA 软件对模型进行网格划分，将模型导入 ABAQUS 软件，采用一般静力学分析[85]，设置扭矩 T_{in} 和轴承力 R_A、R_B 为载荷，约束 C、D（见图 5-3），分析计算后得到应力、应变云图如图 5-9、图 5-10 所示。图 5-9 反映输入轴的应力情况，其最大应力约 53.5MPa，在轴肩根部有明显应力集中现象。图 5-10 反映输入轴的应变情况，最大应变为 0.0082mm。为增加其刚度，改善应力集中，增加一定的壁厚并对根部进行圆角处理。

5.3.3 固定侧齿面接触应力分析计算

面齿轮材料为 42CrMo，属于超高强度钢，具有高强度和高韧性，淬透性也较好，无明显的回火脆性，调质处理后有较高的疲劳极限和抗多次冲击的能力，低温冲击韧性良好，适合做齿轮钢。材料的力学性能见表 5-5。

为[图片]，ML_如[图]和14.8MPa，由此，导向面齿轮在静态分析时的弹性应
力是满足要求的。在弹塑性分析中，齿轮接触应力也满足[图]，在 $\xi = 0$ 处[图片]
为[图]，则可得[图]面齿轮应力满足 $[C] < 8MPa$。

图 5-9　输入轴应力云图

图 5-10　输入轴应变云图

表 5-5　42CrMo 材料的力学性能

密度/(kg/m³)	弹性模量/MPa	泊松比	下屈服强度 R_{eL}/MPa
7890	212000	0.28	930

此外，齿轮接触过程中需要考虑材料的塑性变形及应变率的影响，42CrMo 对
应真实的应力-应变关系见表 5-6[86]。

表 5-6　42CrMo 的应力-应变关系

应变率=0s^{-1}		应变率=0.01s^{-1}		应变率=0.1s^{-1}		应变率=671s^{-1}	
应力/MPa	应变	应力/MPa	应变	应力/MPa	应变	应力/MPa	应变
800	0	800	0	900	0	1280	0
1050	0.02525	1090	0.02525	1090	0.02477	1320	0.00861
1140	0.05426	1180	0.05426	1190	0.05378	1360	0.01722
1170	0.08328	1210	0.08328	1230	0.0828	1390	0.02582
1240	0.18483	1300	0.18483	1310	0.18435	1420	0.03443
1350	0.31593	1400	0.31593	1420	0.31545	1450	0.04364

以固定面齿轮网格划分为例，将齿面三维模型导入 ANSA 中进行划分网格，为了得到理想的接触仿真结果，需要充分细化齿面网格，但同时要考虑计算机的计算效率，截取部分齿轮进行划分。网格大小设置为 0.4mm，网格类型为 C3D8R，共有 187524 个网格。

将网格模型导入 ABAQUS 中，采用一般静力学分析，将扭矩 2031N·m 作用于固定面齿轮，约束行星面齿轮，采用接触算法，得到固定侧面齿轮的接触应力应变如图 5-11 所示，可以看到参与啮合的齿数为 5，固定面齿轮最大接触应力为628MPa，发生在齿牙内层，其余部分受力较均匀，在 200~400MPa 之间，与图 5-7a的理论计算结果相符；由于加载方式的原因，最大应变并没有产生于啮合齿面上，真实应变约为 0.02mm。固定侧行星面齿轮最大应力为 791MPa，发生在齿牙内层，其余部分受力较均匀，在 260~520MPa 之间，与图 5-7b 的理论计算结果相符，接触齿的最大应变约 0.017mm。

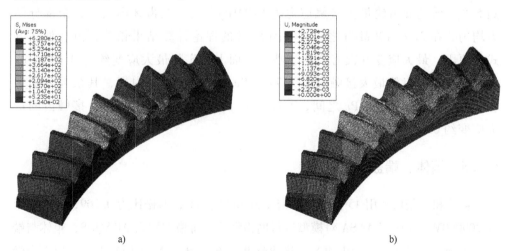

a)　　　　　　　　　　　　　　　　　　　　　　　　　b)

图 5-11　固定侧面齿轮的接触应力应变

a) 固定面齿轮 Miss 应力　b) 固定面齿轮应变

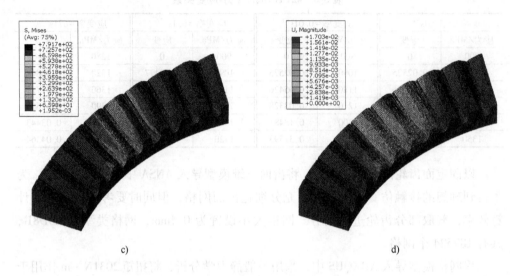

图 5-11　固定侧面齿轮的接触应力应变（续）

c）固定侧行星面齿轮 Miss 应力　d）固定侧行星面齿轮应变

5.3.4　转动侧齿面接触应力分析计算

同理，采用一般静力学分析，将扭矩 2000N·m 作用于转动面齿轮，约束行星面齿轮，得到转动侧面齿轮的接触应力应变如图 5-12 所示，参与啮合齿数达到 5 个。转动面齿轮最大接触应力为 542MPa，发生在齿牙内层，其余部分受力均匀，在 220~400MPa 之间，与图 5-7d 的理论计算结果相符，由于加载方式的原因，最大应变并没有产生于啮合齿面上，实际最大应变约为 0.019mm；转动侧行星面齿轮最大接触应力为 713MPa，发生在齿牙内层，其余部分受力较均匀，在 240~470MPa 之间，与图 5-7c 的理论计算结果相符，接触齿的最大应变约 0.014mm。

5.3.5　箱体、端盖强度计算

箱体和端盖均采用 45 钢材料，密度为 7890kg/m³，泊松比为 0.269，弹性模量为 209000MPa。应用 ANSA 对模型进行网格划分，将模型导入 ABAQUS，箱体与端盖采用耦合方式连接，约束法兰，将载荷 R_E、R_F、R_G、M_f 作用其上，采用静力学分析，应力、应变云图如图 5-13、图 5-14 所示。

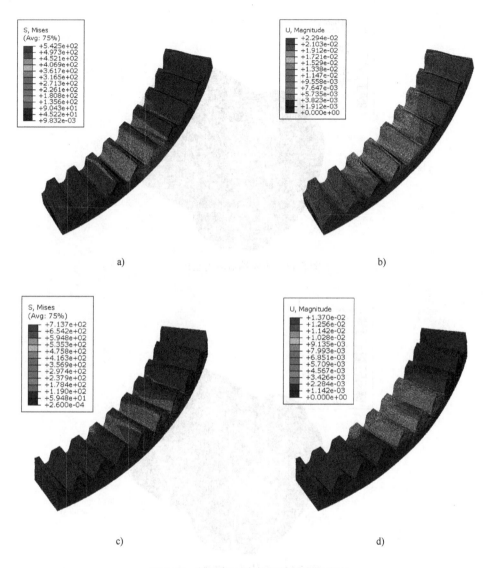

图 5-12　转动侧面齿轮的接触应力应变

a）转动面齿轮 Miss 应力　　b）转动面齿轮应变

c）转动侧行星面齿轮 Miss 应力　　d）转动侧行星面齿轮应变

上述可知，最大应力发生在端盖与固定齿面接触的边缘，约 39.4MPa，其余部分应力较小，有较大设计余量，可以进一步优化。最大应变发生在箱体边缘，约为 0.006mm。

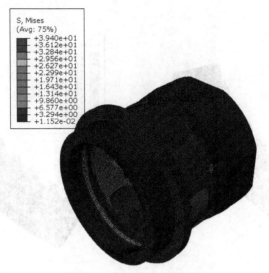

图 5-13　箱体端盖应力云图

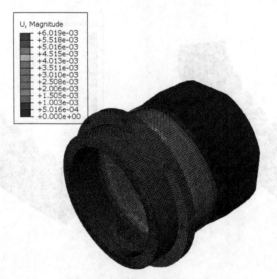

图 5-14　箱体端盖应变云图

5.4　多体动力学仿真分析

5.4.1　仿真模型的创建

将零部件导入 ADAMS，创建多体动力学仿真模型，如图 5-15 所示。

图 5-15　多体动力学仿真模型

主要设置如下：固定面齿轮与机架固连；输入轴与电动机相连，与固定面齿轮、转动面齿轮轴承连接；行星面齿轮与输入轴倾斜段轴承连接；转动面齿轮与箱体轴承连接。齿轮啮合采用 3D 实体接触算法。

转动面齿轮加载与运动方向反向的扭矩 2000N·m；电动机转速设 9000(°)/s。仿真时间为 0.5s，设置 1000 个分析步，并提交计算。

5.4.2　转速、扭矩及啮合力

各零部件的角速度如图 5-16 所示。ω_2 为行星面齿轮自转角速度，ω_3 为转动面齿轮角速度。行星面齿轮平均自转速度为 286.4(°)/s，理论值为 276.9(°)/s，转动面齿轮转速为 144.0(°)/s，理论值为 140.6(°)/s。

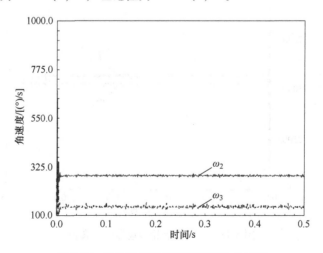

图 5-16　行星面齿轮和转动面齿轮角速度

固定面齿轮绕 z 轴承受的扭矩如图 5-17 所示。固定面齿轮绕 z 轴承受的扭矩为 1983.13N·m，理论值为 1968.75N·m。

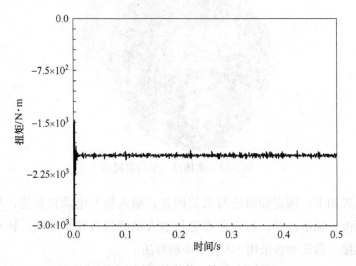

图 5-17　固定面齿轮绕 z 轴承受的扭矩

章动面齿轮减速器啮合力如图 5-18 所示。固定侧面齿轮的平均啮合力为 28400.2N，理论值可由式（3-3）、式（3-6）计算给出，为 26812.5N；转动侧面齿轮的平均啮合力为 26452.2N，同理可计算出转动侧面齿轮的平均啮合力理论值为 26089.7N。仿真结果与理论计算基本保持一致。

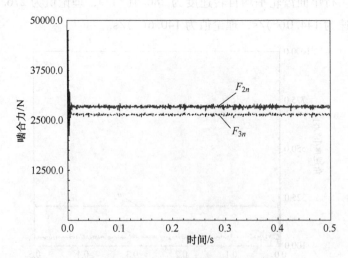

图 5-18　章动面齿轮减速器的啮合力

5.4.3　轴承力

图 5-19 所示为 A、B 位置的轴承力（A、B 位置参考图 5-3）。其中，A 位置最大径向轴承力为 26267N，轴向力为 8672N；B 位置最大径向力为 20364N，轴向力为 7821N，与理论值相符。

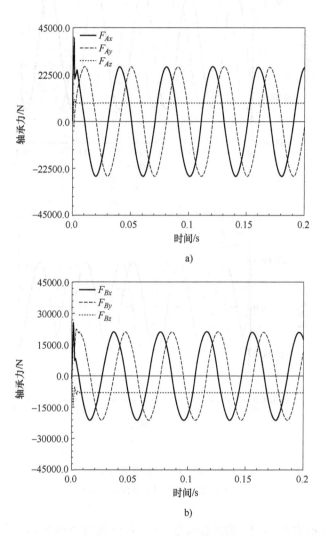

a)

b)

图 5-19　A、B 位置轴承力

a）A 位置轴承力　b）B 位置轴承力

图 5-20 所示为 C、D 位置的轴承力（C、D 位置参考图 5-2）。其中，C 位置最

大径向轴承力为30912N，轴向力为8501N；D位置最大径向力为23064N，轴向力为9442N，与理论值相符。

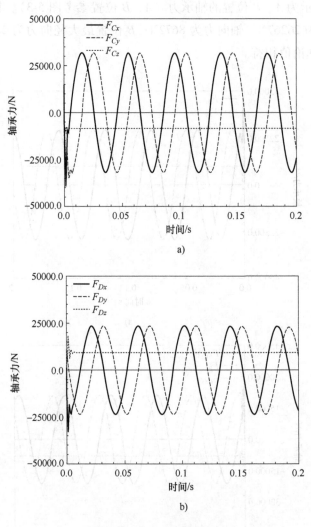

图 5-20　C、D 位置轴承力

a）C 位置轴承力　b）D 位置轴承力

　　图 5-21 所示为 E、F 位置的轴承力（E、F 位置参考图 5-4）。其中，E 位置最大径向轴承力为12686N，轴向力为3702N；F 位置最大径向力为8412N，轴向力为539N，与理论值相符。

　　由上述分析结果可知，理论计算的结果都和仿真结果基本一致。

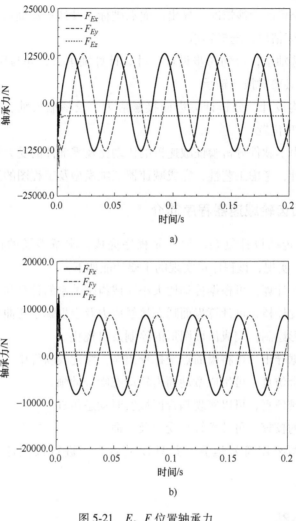

图 5-21　E、F 位置轴承力

a）E 位置轴承力　b）F 位置轴承力

5.5　设计流程及程序开发

5.5.1　章动面齿轮减速器设计流程

1）根据传动比确定齿配关系，确定面齿轮各轮齿的齿数。

2）根据输出扭矩及齿轮材料、调整成形刀具模数、章动角等，计算齿面接触应力和齿根弯曲应力。

3）检查点坐标的干涉情况，导出齿面点坐标，设计章动面齿轮减速器基础三维模型，根据空间情况，选择轴承。

4）根据所选轴承，得到初步设计尺寸，计算轴承力，并与所选轴承相比较，优化轴承位置，必要时换选轴承。

5）丰富结构设计，分析计算齿面接触应力，校核输入轴、箱体等零部件强度，并优化不合理位置。

6）多体动力学软件分析验证减速器的传动比及零部件的受力情况。

7）详细设计，考虑工艺性，完成减速器三维模型及工程图的绘制。

5.5.2　章动面齿轮减速器程序简介

章动面齿轮传动设计复杂，须依靠程序完成。本章涉及的计算均在 MATHEMATICA 平台上实现，该程序可实现的主要功能如下：

1）齿配关系计算，可根据传动比大小完成齿配关系的计算与选择。

2）齿轮强度校核，可计算齿面瞬态接触应力及齿根瞬态弯曲应力。

3）齿面图形绘制，完成齿面图形的绘制及可视化。

4）齿面数据导出，可将齿面点坐标导出至三维建模软件中。

5）动态啮合仿真，可生成章动面齿轮动态啮合动画。

6）啮合区域仿真，可以实现啮合区域实时动态仿真。

7）轴承力的校核，可计算轴承受力及寿命。

8）程序编写采用符号运算，并只在最后一步进行数值计算，保证了计算精度。

5.6　本章小结

本章围绕章动面齿轮减速器设计开展研究，给出了章动面齿轮传动齿面啮合力的计算公式，分析了行星面齿轮、输入轴、转动面齿轮、固定面齿轮及其轴承、固定件受力情况，给出了计算方法；完成了输入转速 1500r/min、传动比 64、输出扭矩 2000N·m 的章动面齿轮减速器试验样机的设计。采用理论算法计算了齿面接触应力及齿根弯曲应力，应用 ANSA 和 ABAQUS 软件对各轴承、输入轴、面齿轮、箱体等零部件进行了分析与优化，并与理论计算结果进行了比较，从齿面接触痕迹角度进一步印证了章动面齿轮啮合情况复杂的特性，与理论计算出的啮合区域相符合；应用 ADAMS 软件对减速器进行了多体动力学分析，得到了核心零部件的角速度、扭矩、齿面啮合力及轴承力曲线，与理论计算结果吻合较好；总结了章动面齿轮减速器的设计流程，介绍了基于 MATHEMATICA 软件的章动面齿轮减速器设计程序的开发及功能，为后续的研究工作做好铺垫和准备。

第6章

章动面齿轮减速器的制造与性能测试

　　章动面齿轮传动机构的加工难度主要集中在输入轴、行星面齿轮及转动面齿轮等几个核心零部件上。本章将从机械加工的角度，分析关键零部件的结构特点，利用 PowerMill 数控编程软件及加工设备，完成样机零部件的加工及组装。

6.1　关键零部件的加工技术研究

6.1.1　输入轴

　　输入轴是章动面齿轮减速器的关键件，对传动精度有着重要影响，其结构如图 6-1 所示。加工难点在于，需要同时保证章动角 β 和轴承安装位置 l 的精度，因交叉轴的交点处于轴内部，无法直接测量，增加了加工难度。

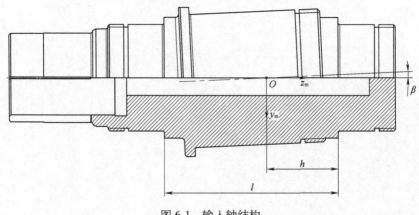

图 6-1　输入轴结构

主要加工方法为，首先利用五轴加工中心加工两对中心孔，如图 6-2a 所示；再用卧式车床进行加工即可，图 6-2b 所示为零件在卧式车床上加工的图片。该加工方法成本较低、精度较高、效率高，相关技术已经申请了发明专利[87]。

a)   b)

图 6-2　输入轴的加工

a）五轴加工中心　b）普通车床

输入轴的主要加工工艺流程为：

（1）车削　粗加工：车床，倾斜轴部分用同轴最大圆柱轮廓包络，加工余量 2mm。

（2）热处理　调质：硬度在 32～36HRC；时效：去除内部应力，减少精加工后零件的变形。

（3）车削　半精加工：倾斜轴部分加工至最大包络圆柱尺寸，其预留一定精加工余量；精加工：精加工除倾斜段部分之外的全部位置，左右轴承安装处同心，保证尺寸。

（4）铣削　五轴加工中心，自定心卡盘固定左侧轴承安装处，以右侧轴承安装处外径为基准找正，测头测量右侧轴承轴肩位置，其高度去掉 h 设置为加工坐标系，绕 x_m 轴顺时针旋转 β 角度，对倾斜轴部分进行粗加工、半精加工和精加工。

（5）热处理　对输入孔及外部局部渗氮，硬度为 600～700HV，深度不低于 0.1mm。

（6）线切割　加工缺口，完成加工。

输入轴的加工工艺流程如图 6-3 所示。

6.1.2　固定面齿轮

固定面齿轮结构如图 6-4 所示，材料为 42CrMo。为了提升齿面耐磨性，整体

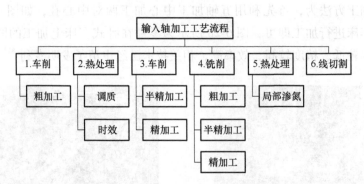

图 6-3 输入轴的加工工艺流程

调质处理,齿面局部渗氮。相对于输入轴,其加工难度不大。加工要点是:须保证内孔 a 的轴线和轮齿的回转轴线的同轴度,同时保证 C 面和回转轴的垂直度。这些尺寸的精度对传动精度有重要的影响。

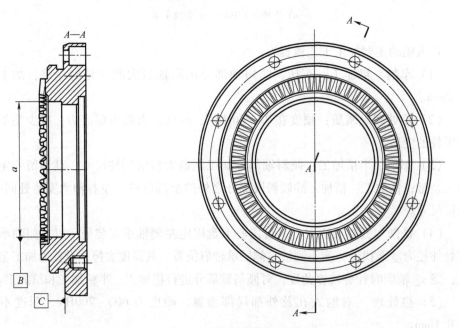

图 6-4 固定面齿轮结构

以 C 面为基准,齿面和内孔 a 的精加工安排到同一道工序中完成,齿形的加工全部在五轴加工中心上完成,这样可以保证齿面拥有较低的表面粗糙度。因齿坯为回转体零件,齿形加工之前的工序主要在卧式车床上完成。固定面齿轮加工样件如图 6-5 所示。

图 6-5　固定面齿轮加工样件

固定面齿轮的主要加工工艺流程为：

（1）车削　粗加工：加工外轮廓尺寸，左侧留装夹位置，其余量为 2mm。

（2）热处理　调质：硬度 32 ~ 36HRC；时效：去除内部应力，减少精加工后零件的变形。

（3）车削　半精加工：夹左侧工艺凸台，半精加工硬齿面轮廓，留一定精加工余量；精加工：精加工内孔 a、右侧端面及外圆，其余部分留量。

（4）铣削　加工中心，自定心卡盘撑内圈，内孔找正，铣削螺纹底孔。

（5）钳工　攻螺纹。

（6）铣削　内孔 a 定心，C 面找平，以 C 面为参考，设置加工坐标系，对齿面轮廓进行粗加工、半精加工和精加工，保证齿面和 A 面相对尺寸。

（7）热处理　对齿面进行局部渗氮，硬度为 650 ~ 750HV，深度不低于 0.15mm。

固定面齿轮的加工工艺流程如图 6-6 所示。

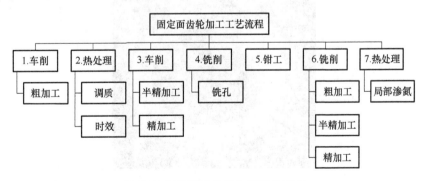

图 6-6　固定面齿轮的加工工艺流程

6.1.3　转动面齿轮

转动面齿轮结构如图 6-7 所示，材料为 42CrMo，整体调质，齿面局部渗氮。该零件加工难度较大，其加工要点是：轴承处的 a、b 尺寸对应的圆柱面需要保证同轴度。l 尺寸影响减速器啮合齿隙，轮齿的回转轴也需要同 a、b 尺寸对应的圆柱面保证同轴度。

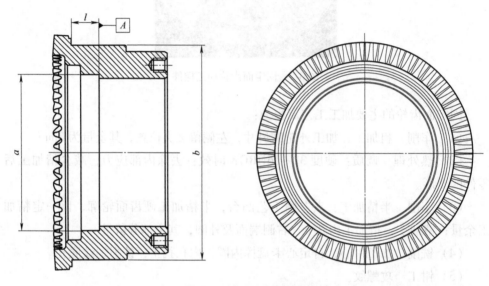

图 6-7　转动面齿轮结构

齿形同样在五轴加工中心上完成，加工之前，先用车床将齿坯加工完成，要确保 a、b 尺寸对应圆柱面的同轴度，加工齿形时须以 a 尺寸对应圆柱面的轴线为基准。转动面齿轮加工样件如图 6-8 所示。

图 6-8　转动面齿轮加工样件

转动面齿轮的主要加工工艺流程为：

（1）车削　粗加工：加工外轮廓尺寸，右侧留装夹位置，其余量为2mm。

（2）热处理　调质：硬度32～36HRC；时效：去除内部应力，减少精加工后零件的变形。

（3）车削　半精加工：夹右侧工艺凸台，半精加工硬齿面轮廓，留一定精加工余量；精加工：精加工内孔a、轴b、控制l尺寸及端面A与内孔a的垂直度，其余留量。

（4）铣削　加工中心，自定心卡盘固定内圆a，外圆b定心，外圆轴肩找平，定位。铣削右侧端面螺纹底孔、销孔。

（5）钳工　攻螺纹。

（6）铣削　内孔a定心，A面找平，以A面为参考，设置加工坐标系，对齿面轮廓进行粗加工、半精加工和精加工，保证齿面和A面的相对尺寸。

（7）热处理　齿面局部渗氮，硬度为650～750HV，深度不低于0.15mm。

转动面齿轮的加工工艺流程如图6-9所示。

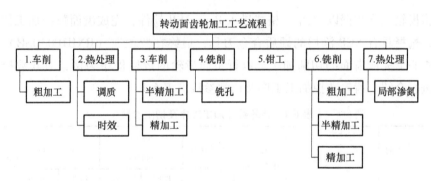

图6-9　转动面齿轮的加工工艺流程

6.2　行星面齿轮的 PowerMill 编程

行星面齿轮结构如图6-10所示，材料为42CrMo，整体调质，齿面局部渗氮。由于中间孔存在轴承挡肩，因此无法通过一次性装夹加工a、b孔，只能通过调装的方式分别加工，同轴度会产生一定误差。其加工的要点是：需要保证a、b位置的同轴度，否则两个轴承安装后不同轴，会影响传动效率。l尺寸影响减速器啮合齿隙。

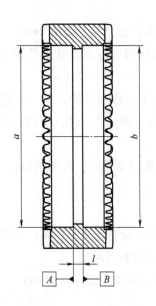 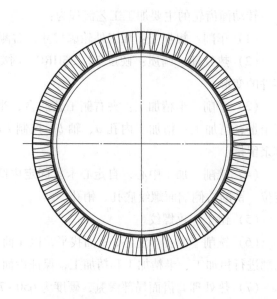

图 6-10　行星面齿轮结构

将齿轮三维数据以"stp"格式导入 PowerMill 软件，完成齿面数控加工代码的编制，选择具有 XCP 涂层的硬质合金刀具，最终在罗德斯（RXU1000DSH）五轴加工中心上完成齿面的切削加工。以行星面齿轮的数控程序为例，对其数控加工工艺进行介绍。齿轮数控加工工序及切削参数见表 6-1。

表 6-1　齿轮数控加工工序及切削参数

工序	工时 /h	加工策略	刀具 半径/mm	主轴转速 /(r/min)	进给率 /(mm/min)		步距/mm		余量/mm
					切削	下切	行距	下切	
开粗	0.25	区域清除	10	3000	3000	2100	15	0.5	0.3
粗加工	3	残留清除	2	20000	2000	1400	0.6	0.3	0.08
清角	3	清角精加	1	20000	2000	1400	—	—	0.04
清角	0.3	清角精加	1	20000	2000	1400	—	—	-0.03
半精加工	4.5	优化等高精加工	1	20000	2000	1400	0.1	0	0.04
精加工	8	陡峭和浅滩精加工	1	20000	2000	1400	0.06	0.06	0

行星面齿轮的主要加工工艺流程为：

（1）车削　粗加工：加工外轮廓尺寸，右侧留装夹位置，其余量为 2mm。

（2）热处理　调质：硬度 32~36HRC；时效：去除内部应力，减少精加工后零件变形。

（3）车削 半精加工：夹右侧工艺凸台，半精加工硬齿面轮廓及内孔，留一定精加工余量；精加工：精加工内孔 a、b 及外径，控制 l 尺寸，确保孔 a 和孔 b 同心，其余留量。

（4）铣削 自定心卡盘固定内圆 a，外圆 b 定心，轴肩 B 找平，以 B 面为参考，设置加工坐标系，粗加工、半精加工、精加工右侧齿面；反向装夹，自定心卡盘固定内孔 b，以孔 a 定心，A 面找平，以 A 面为参考，设置加工坐标系，粗加工、半精加工和精加工左侧面齿轮，保证齿面和相对尺寸。

（5）热处理 对齿面进行局部渗氮，硬度为 650～750HV，深度不低于 0.15mm。

行星面齿轮的加工工艺流程如图 6-11 所示。

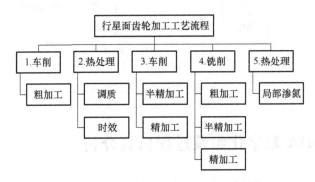

图 6-11 行星面齿轮的加工工艺流程

根据表 6-1 中列出的工序及工时，开粗约 0.25h，精加工约 8h，加工总工时约为 29.5h。加工后表面粗糙度可达到 $Ra0.8\mu m$。图 6-12 所示为行星面齿轮的加工样件。

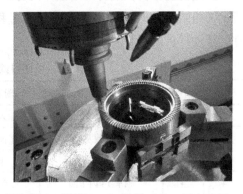

图 6-12 行星面齿轮的加工样件

6.3　齿面渗氮处理工艺

为了增加齿面耐磨性，使用井式真空渗氮炉（设备型号 RJN-96-6）对齿面进行渗氮处理。42CrMo 的渗氮工艺曲线如图 6-13 所示，渗氮层厚度约 0.4mm，硬度 650～750HV，芯部可保持较高韧性。渗氮后整个零件变形量≤0.05mm，可直接用于组装。

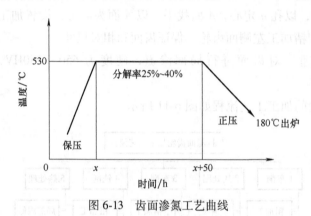

图 6-13　齿面渗氮工艺曲线

6.4　DELMIA 数字化组装过程仿真分析

在产品组装之前，通过数字化工艺仿真分析，可以提前预测组装过程可能出现的问题，通过工艺改进，节省时间和成本，提高组装效率和产品质量。将设计数据导入 DELMIA 软件后，在【DPM】功能模块下进行仿真与设置。

通过仿真分析，最终确定该样机的 37 个组装步骤，零部件装配简图如图 6-14 所示，组装顺序见表 6-2。生成的仿真过程视频，可作为样机装配作业的指导性文件，帮助样机的组装。

表 6-2　减速器试验机的组装顺序

工序	组件	安装件	附着件	工具	备注
1	1	轴承 14 内半圈	输入轴 1	铜套筒、橡胶锤	过盈安装处安装时涂润滑脂润滑；轴承在安装时在缝隙处注满润滑脂；齿面啮合处及箱体空隙注满润滑脂。过盈装配采用冷热压方式装配
2	2	轴承 14 外圈及保持架	行星面齿轮 4		
3	3	组 1	组 2	橡胶锤	
4	4	轴承 14 内半圈	组 3	铜套筒、橡胶锤	
5	5	轴套 6	组 4	—	

（续）

工序	组件	安装件	附着件	工具	备注
6	6	轴承 14 内半圈	组 5	铜套筒、橡胶锤	
7	7	轴承 14 外圈及保持架	组 6		
8	8	轴承 14 内半圈	组 7	—	
9	9	锁紧螺母 13	组 8	月牙扳手	
10	10	轴承 11 内半圈	组 9	铜套筒、橡胶锤	
11	11	轴承 11 内半圈	组 10		
12	12	孔用弹簧挡圈 15	固定面齿轮 3		
13	13	轴承 11 外圈及保持架	组 12	卡簧钳 铜套筒、橡胶锤	
14	14	组 13	组 11		
15	15	轴承 11 内半圈	组 14		过盈安装处安装时涂润滑脂润滑；轴承在安装时在缝隙处注满润滑脂；齿面啮合处及箱体空隙注满润滑脂。过盈装配采用冷热压方式装配
16	16	锁紧螺母 16	组 15	月牙扳手	
17	17	轴承 11 外圈及保持架	转动面齿轮 7	铜套筒、橡胶锤	
18	18	孔用弹簧挡圈 15	组 17	卡簧钳	
19	19	轴承 12	组 18	铜套筒、橡胶锤	
20	20	组 19	组 16		
21	21	锁紧螺母 13	组 20	月牙扳手	
22	22	堵塞 8	唇形密封圈 10	铜套筒、橡胶锤	
23	23	组 22	组 21		
24	24	组 23	箱体 5		
25	25	唇形密封圈 9	组 24		
26	26	O 型圈 19	组 25	—	
27	27	O 型圈 18	组 26		
28	28	O 型圈 17	组 27		
29	29	组 28	组 25		
30	30	弹簧垫圈 21	内六角螺栓 20	扳手	
31	31	组 30	组 29	—	
32	32	内六角螺栓 24	组 31	扳手	

（续）

工序	组件	安装件	附着件	工具	备注
33	33	皮圈26	螺塞25	—	过盈安装处安装时涂润滑脂润滑；轴承在安装时在缝隙处注满润滑脂；齿面啮合处及箱体空隙注满润滑脂。过盈装配采用冷热压方式装配
34	34	组33	组32	扳手	
35	35	注油嘴27	组34		
36	36	螺塞	组35		
37	37	润滑脂	组36	油枪	

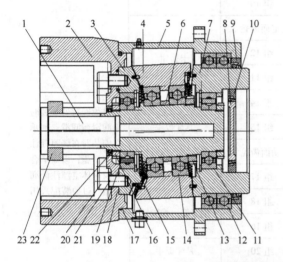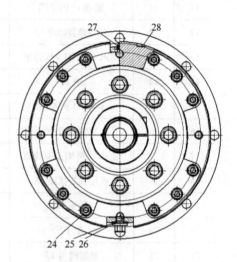

图6-14　减速器试验机的零部件装配简图

1—输入轴　2—端盖　3—固定面齿轮　4—行星面齿轮　5—箱体　6—轴套　7—转动面齿轮

8—堵塞　9、10、22—唇形密封圈　11、12、14—轴承　13、16—锁紧螺母

15—孔用弹簧挡圈　17、18、19—O型圈　20、24—内六角螺栓　21—弹簧垫圈

23—固定环　25、28—螺塞　26—皮圈　27—注油嘴

6.5　一些组装过程中的建议

1）组装中与轴承配合的轴、孔的过盈量须特别注意，设计时要充分考虑轴承游隙和配合公差，组装前要进行尺寸核对。

2）组装时需要保证现场环境的清洁，尤其在安装轴承时，微小的颗粒也可能影响轴承的使用效果，组装后需要对箱体内部进行充分的清洗。

3）由于组装时无法观察到齿面啮合效果，如果组装时啮合轮齿的齿顶与齿顶相对，此时压入时可能造成齿面损坏，因此需要边安装边通过输入、输出轴调整角度，匹配啮合轮齿。

组装完成后的章动面齿轮减速器物理样机如图 6-15 所示。

图 6-15　章动面齿轮减速器物理样机

物理样机需要在性能试验前进行充分跑合，跑合试验如图 6-16 所示。在跑合试验中，已对噪声、润滑及各部分配合进行初步检验。以 250r/min、500r/min、750r/min、1000r/min 为输入转速分别跑合 2h，最大噪声约 68dB，输入轴端油封略有渗漏，其他部分均正常运行。

图 6-16　章动面齿轮减速器跑合试验

6.6　本章小结

本章主要完成了章动面齿轮传动减速器的制造与试验工作。首先，分析研究了输入轴、固定面齿轮、转动面齿轮、行星面齿轮的加工工序流程，应用数控编程软件 PowerMill 完成了零部件数控加工程序的编写，应用五轴高速数控加工中心完成了齿轮的加工；其次，分析了章动面齿轮减速器的组装流程，采用 DELMIA 软件完成了减速器电子样机组装过程的仿真模拟，确定了组装过程工序流程中所需的工具，并以此指导完成了物理样机的组装制造；最后，在试验台上，完成了章动面齿轮减速器试验机的跑合测试。

参 考 文 献

[1] 张展. 齿轮减速器现状及发展趋势 [J]. 华电技术, 2001, 23 (1): 58-59.

[2] 秦大同. 机械传动科学技术的发展历史与研究进展 [J]. 机械工程学报, 2003, 39 (12): 37-43.

[3] 雷源忠. 我国机械工程研究进展与展望 [J]. 机械工程学报, 2009, 45 (5): 1-11.

[4] DAVID K KEDROWSKI, SCOTT P SLIMAK. Nutating gear drive train for a cordless screwdriver [J]. Mechanical Engineering, 1994, 116 (1): 70-71.

[5] SINGLETON JOHN C, MCCULLOUGH DONALD H, HARTZ RAYMOND J. Nutating-Type Actuator: US3428839A [P]. 1969-02-18.

[6] FOSKETT ROGER D. Stepping Motor With Nutating Gear: US3492515A [P]. 1970-01-27.

[7] LAMBECK R P. Hydraulic pumps and motors: selection and application for hydraulic power control system [M]. New York: Marcel Dekker Inc., 1983.

[8] MAROTH ARTHUR M. Counterbalanced mechanical speed change mechanism: US3935750A [P]. 1976-02-03.

[9] 龚振新. 一种新型大速比锥齿轮波导减速器探讨 [J]. 煤矿机电, 1983, 4 (6): 2-4.

[10] MLENDINI P, PERRONE M, STAM S, et al. Wobbling gears achieve high ratios [C]//ESA. 2000, 10 (3): 34-37.

[11] UZUKA K, ENOMOTO I, SUZUMORI K. Development of nutation motors (4th report, development of small-sized and high torque pneumatic nutation motor by the OFW type bevel gears and principle of lever) [J]. Transactions of the Japan Society of Mechanical Engineers (Part C), 2007, 73 (730): 1731-1737.

[12] UZUKA K, ENOMOTO I, SUZUMORI K, et al. Development of nutation motors (3rd report, development of electromagnetic nutation motor by the OF1 type bevel gears and electromagnets) [J]. Transactions of the Japan Society of Mechanical Engineers (Part C), 2007, 73 (728): 1188-1195.

[13] UZUKA K, ENOMOTO I, SUZUMORI K. Development of nutation motors (2nd report, development of practical model by the of type bevel gears and diaphragm) [J]. Transactions of the Japan Society of Mechanical Engineers (Part C), 2006, 72 (716): 1200-1206.

[14] UZUKA K, ENOMOTO I, SUZUMORI K. Development of nutation motors (1st report, driving principle and basic characteristics of pneumatic nutation motor) [J]. Transactions of the Japan Society of Mechanical Engineers (Part C), 2006, 72 (616): 1194-1199.

[15] SUZUMORI K, HASHIMOTO T, UZUKA K, et al. Pneumatic direct-drive stepping motor for robots [C]//IEEE International Conference on Intelligent Robots and Systems. Piscataway: IEEE,

2002：2031-2036.

[16] ODA S, SUZUMORI K, UZUKA K, et al. Development of nutation motors (improvement of pneumatic nutation motor by optimizing diaphragm design) [J]. Journal of Mechanical Science and Technology, 2010, 24 (1)：25-28.

[17] 山盛元康. 章动型齿轮装置、传动比可变机构以及车辆用操舵装置：CN 201010129312 [P]. 2010-09-15.

[18] DRAGO R J, LEMANSKI A J. Nutating mechanical transmission (Maroth drive principle) [R]. Philadelphia：Boeing Vertol Company, 1974.

[19] KEDROWSKI D K, SLIMAK S P. Wobbling Gear Drive train for Cordless Screwdriver [C]// Proceedings of the ASME Winter Conference. New Orleans：ASME, 1993：1-8.

[20] NELSON C A, CIPRA R J. Similarity and equivalence of nutating mechanisms to bevel epicyclic gear trains for modeling and analysis [J]. Journal of Mechanical Design, 2005, 127：269-277.

[21] NELSON C A, CIPRA R J. Simplified kinematic analysis of bevel epicyclic gear trains with application to power-flow and efficiency analyses [J]. Transactions of the ASME, 2005, 127：278-286.

[22] SARIBAY Z B, BILL R C. Design analysis of pericyclic mechanical transmission system [J]. Mechanism and Machine Theory：Dynamics of Machine Systems Gears and Power Trandmissions Robots and Manipulator Systems Computer-Aided Design Methods, 2013, 61：102-122.

[23] 孙永才. 谐波圆锥齿轮传动减速器工作原理与设计 [J]. 齿轮, 1984, 8 (5)：34-37, 49.

[24] 龚振新. 空间行星波导减速器 [J]. 辽宁机械, 1983, 21 (5)：31-33.

[25] 毛世民, 吴序堂, 乐兑谦. 一种高性能的齿轮传动——内啮合弧齿锥齿轮传动 [J]. 重型机械, 1989, 13 (5)：24-28.

[26] 霍荆平, 毛世民, 吴序堂. 用全成形法加工的内啮合弧齿锥齿轮的齿面接触分析 [J]. 机械传动, 1994, 8 (2)：4-9, 13.

[27] 毛世民, 吴序堂. 内啮合弧齿锥齿轮全成形加工法原理 [J]. 齿轮, 1991, 15 (4)：24-30.

[28] 颜世一, 詹镛, 何韶军. 内啮合渐开线圆锥齿轮 [J]. 沈阳工业大学学报, 1986, 8 (4)：67-80.

[29] 胡来瑢. 行星传动设计与计算 [M]. 北京：煤炭工业出版社, 1997：306-317.

[30] 刘鹄然, 周英, 李国顺. 锥差式减速器的演化 [J]. 长沙铁道学院学报, 1997, 15 (4)：50-52.

[31] 刘鹄然, 李国顺. 锥齿轮少齿差行星减速器效率分析与测试 [J]. 长沙铁道学院学报, 1998, 16 (3)：44-47.

[32] 孟祥志. 章动齿轮传动的理论与实验研究 [D]. 沈阳：东北大学, 1998：1-3.

[33] 王继军, 田方, 金映丽, 等. 空间球面圆锥外摆线针轮传动 [J]. 机械设计与制造, 1998, 36 (4)：22-23.

［34］金映丽，王继军，丁津原，等. 2K-H 型空间球面锥摆线进动传动的研究［J］. 制造技术与机床，2006，56（3）：37-39.

［35］何韶君. 章动齿轮传动零齿差输出机构的强度研究［J］. 机械设计与制造，2007，198（8）：23-24.

［36］何韶君. 章动齿轮传动锥滚式输出机构的理论研究［J］. 煤矿机械，2007，228（2）：55-57.

［37］何韶君. 渐开线齿轮章动传动的干涉问题［J］. 机械科学与技术，1998（3）：15-16，30.

［38］何韶君. 渐开线齿轮章动传动的弹流润滑分析［J］. 润滑与密封，1995，（1）：28-31，34.

［39］何韶君. 摆线针轮章动传动的齿廓曲率分析［J］. 现代机械，2000，27（2）：51-53.

［40］余义斌，朱敬成，胡来瑢. 锥齿轮少齿差章动传动的优化设计［J］. 湖北工学院学报，2000，15（2）：48-51.

［41］余义斌，张建刚，余卫斌. 锥齿轮少齿差章动传动陀螺力矩的分析及优化［J］. 机床与液压，2001，29（6）：32-33，110.

［42］李克勤，余义斌，易军，等. 斜盘式锥齿少齿差行星传动的运动分析［J］. 湖北工学院学报，2002，17（2）：108-109.

［43］黄伟. 章动齿轮传动减速机构设计与仿真［D］. 昆明：昆明理工大学，2007：11-13.

［44］何韶君，刘晓东. 渐开线齿轮章动传动存在的问题与解决方法［J］. 大连民族学院学报，2007，36（1）：56-58.

［45］YAO L G, GU B, HUANG S J, et al. Mathematical modeling and simulation of the external and internal double circular-arc spiral bevel gears for the nutation drive［J］. Journal of Mechanical Design, 2010, 132（2）：021008-1-021008-10.

［46］胡来瑢. 行星传动设计与计算［M］. 北京：煤炭工业出版社，1996.

［47］龚发云，胡来瑢，于德润. K-H-V 偏摆锥差行星机构的运动学和力学分析［J］. 机械传动，2000（2）：15-18，48.

［48］蔡英杰，姚立纲，顾炳. 双圆弧螺旋锥齿轮章动传动运动和动力学仿真［J］. 传动技术，2007（4）：22-25，31，48.

［49］王广欣. 章动活齿传动的研究［D］. 大连：大连交通大学，2013.

［50］曲继方. 活齿传动理论［M］. 北京：机械工业出版社，1993.

［51］王广欣，朱莉莉，李林杰，等. 章动活齿传动机构的中心轮齿形及其设计方法：CN201310123210.5［P］. 2013-07-10.

［52］WANG G X, LI L J, GUAN H, et al., Modeling and simulation for nutation drive with rolling teeth［J］. Advanced Materials Research, 2012（538-541）：470-473.

［53］ZHU L L, WANG G X, FAN W Z. Modeling and simulation of the nutation drive with movable taper teeth［J］. Recent Patents on Mechanical Engineering, 2019, 12：72-82.

［54］ZHU L L, WANG G X, HE W J, et al. Analysis of contact strength for nutation transmission with conical movable teeth by fractal theory［J］. Recent Patents on Mechanical Engineering, 2020, 13

（2）：141-155.

［55］王延忠. 高速重载面齿轮啮合与制造技术［M］. 北京：科学出版社，2016.

［56］BUCKINGHAM E. Analytical Mechanics of Gears［M］. New York：Dover Publications，1949.

［57］LITVIN F L, FUENTES A, ZANZI C, et al. Face-gear drive with spur involute pinion：geometry, generation by a worm, stress analysis［J］. Computer Methods in Applied Mechanics and Engineering, 2002, 191（25-26）：2785-2813.

［58］LENSKI J W, VALCO M J. Advanced rotorcraft transmission（ART）program-Boeing helicopters status report［R］. National Aeronautics and Space Administration Cleveland OH Lewis Research Center, No. NASA-E-6321, 1991.

［59］BILL R C. Advanced rotorcraft transmission program［R］. Cleveland：National Aeronautics and Space Administration Cleveland OH Lewis Research Center, No. NASA-E-5722, 1990.

［60］GUINGAND M, VAUJANY J P D, ICARD Y. Analysis and optimization of the loaded meshing of face gears［J］. Journal of Mechanical Design, 2005, 127（1）：135-143.

［61］李龙，朱如鹏. 正交面齿轮弹流润滑分析［J］. 机械工程师，2007（2）：63-65.

［62］SARIBAY Z B. Analytical investigation of the pericyclic variable-speed transmission system for helicopter main-gearbox［D］. State College：The Pennsylvania State University, 2009.

［63］SARIBAY Z B. Tooth geometry and bending stress analysis of conjugate meshing face-gear pairs［J］. Proceedings of the Institution of Mechanical Engineers, Part C. Journal of Mechanical Engineering Science, 2013, 227（6）：1302-1314.

［64］MATHUR T D, SMITH E C, CHANG L, et al. Contact mechanics and elasto-hydrodynamic lubrication analysis of internal-external straight bevel gear mesh in a pericyclic drive［C］//ASME International Power Transmission & Gearing Conference. Cleveland：ASME, 2017.

［65］WANG G X, ZHU L L, WANG P, et al. Meshing and bearing analysis of nutation drive with face gear［J］. Recent Patents on Mechanical Engineering, 2020, 13（4）：352-365.

［66］WANG G X, ZHU L L, WANG P. Analysis of tooth stiffness of nutation face gear［J］. Engineering Computations, 2020, 38（4）：1725-1750.

［67］LITVIN F L. 齿轮几何学与应用理论［M］. 国楷，叶凌云，范琳，等译. 上海：上海科学技术出版社，2008.

［68］张展，张弘松，张晓维，等. 行星差动传动装置［M］. 北京：机械工业出版社，2008.

［69］邓佳. 章动面齿轮传动装置的设计研究［D］. 大连：大连交通大学，2016.

［70］吴序堂. 齿轮啮合原理［M］. 2版. 西安：西安交通大学出版社，2009.

［71］STEPHEN W. An elementary introduction to the wolfram language［M］. Champaign：Wolfram Media Inc, 2015.

［72］杨春雨. 曲面魔术师：ICEM Surf 软件学习指南［M］. 哈尔滨：哈尔滨工业大学出版社，2016.

［73］庄茁. 基于 ABAQUS 的有限元分析和应用 ［M］. 北京：清华大学出版社，2009.

［74］朱孝录，鄂中凯. 齿轮承载能力分析 ［M］. 北京：高等教育出版社，1992.

［75］刘艳平. 直齿—面齿轮加载接触分析及弯曲应力和接触应力计算方法研究 ［D］. 长沙：中南大学，2012.

［76］SARIBAY Z B, BILL R C. Design analysis of pericyclic mechanical transmission system ［J］. Mechanism and Machine Theory, 2013, 61：102-122.

［77］STACHOWIAK G W, BATCHELOR A W. Engineering tribology ［M］. Netherlands：Elsevier, 1993.

［78］黄帅. 渗碳齿轮钢的组织和力学性能 ［D］. 昆明：昆明理工大学，2012.

［79］葛哲学. 精通 MATLAB ［M］. 北京：电子工业出版社，2008.

［80］龚纯，王正林. MATLAB 语言常用算法程序集 ［M］. 北京：电子工业出版社，2008.

［81］石亦平，周玉蓉. ABAQUS 有限元分析实例详解 ［M］. 北京：机械工业出版社，2006.

［82］李政民卿，黄鹏，李晓贞. 面齿轮轮齿刚度的计算方法及其影响因素分析 ［J］. 重庆大学学报（自然科学版），2014，37（1）：26-30，38.

［83］齐寅明. 盾构刀盘驱动三级行星齿轮系统动力学分析 ［D］. 重庆：重庆大学，2013.

［84］姚启萍. SGM 弧齿锥齿轮设计参数与时变啮合刚度关系的研究 ［D］. 长沙：中南大学，2012.

［85］王成波，李林杰，王广欣，等. 铁路货车铸件用模具芯盒框结构优化设计 ［J］. 铸造技术，2015，36（4）：1069-1071.

［86］卢也森，朱志武，谢奇峻. 基于改进 J-C 模型的 42CrMo 钢动态本构关系研究 ［J］. 四川理工学院学报（自然科学版），2016，29（3）：61-65.

［87］王广欣，金正哲，李林杰，等. 利用普通数控机床加工倾斜轴轴类零件的加工方法：CN201410299555.0 ［P］. 2014-10-15.